Rudolf Kippenhahn
Amor und der Abstand zur Sonne

Zu diesem Buch

Rudolf Kippenhahn, ein weltweit anerkannter Astronom, hat in vielen erfolgreichen Büchern und Vorträgen die Astronomie populär gemacht. Ihn interessieren immer auch die kuriosen Aspekte seiner Wissenschaft, von ihnen erzählt er in seinen Geschichten. Wußten Sie etwa, daß Johannes Hevelius zugleich Bierbrauer und einer der größten Astronomen seiner Zeit war? Oder daß sein späterer Kollege Karl Friedrich Zöllner Geister beschwor? Wie lassen sich Marssteine und die Bibel in einer Geschichte unterbringen oder die Jungfrau Maria und ein Mondkrater? Ob es um die Fingernägel des Kopernikus, um Nostradamus und die Prophezeiung der totalen Sonnenfinsternis des Jahres 1999, den Euro und das Arbeitszimmer von Gauß oder um das Weltall in der Christbaumkugel geht – Kippenhahns vergnügliche Geschichten sind voller Überraschungen.

Rudolf Kippenhahn, geboren 1926 in Bärringen (Tschechoslowakei), studierte Mathematik in Halle und Erlangen und promovierte 1951. Von 1965 bis 1975 war er Professor für Astronomie und Astrophysik an der Universität Göttingen, bis 1991 Direktor des Max-Planck-Instituts für Astrophysik in München und Garching. Seit 1991 lebt er als Autor in Göttingen. Er schrieb zahlreiche populärwissenschaftliche Bücher, darunter »Hundert Milliarden Sonnen«, »Unheimliche Welten«, »Atom«, »Schwarze Sonne, roter Mond« und »Kosmologie für die Westentasche«.

Rudolf Kippenhahn
Amor und der Abstand zur Sonne

Geschichten aus meinem Kosmos

Mit 81 Abbildungen, davon 39 in Farbe

Piper München Zürich

Ungekürzte Taschenbuchausgabe
Juli 2003
© 2001 Piper Verlag GmbH, München
Umschlag / Bildredaktion: Büro Hamburg
Isabel Bünermann, Julia Martinez /
Charlotte Wippermann, Kathrin Hilse
Umschlagabbildung: Cécile Gambini (»Quelque part
il y a ...«, 2001, Albin Michel Jeunesse)
Foto Umschlagrückseite: M. Thelen / bild der wissenschaft
Satz: Kösel, Kempten
Druck und Bindung: Clausen & Bosse, Leck
Printed in Germany   ISBN 3-492-23870-X

www.piper.de

Inhalt

7 **Vorwort**

1. Kapitel   9   **Geschichten aus der Geschichte**
Die Fingernägel des Kopernikus   11
Maria mit dem Krater   17
Der Bierbrauer hinter dem Fernrohr   23
William J. Herschel, der Detektiv   29
Die Supernova und der Dieb vom
     Peipus-See   35
Geister aus der Vierten Dimension   41
Auf zwei Planeten   47
Amor und der Abstand zur Sonne   53
Als die Flachbettscanner noch
     Menschen waren   57

2. Kapitel   63   **Finstere Geschichten**
Der heilige Benedikt und die Sonnen-
     finsternis   65
Hüter der Finsternisse   69
Auf nach Isfahan?   75
Nostradamus und die Finsternis   79
Rund um die Finsternis   85

3. Kapitel   91   **Geschichten von heute**
Barnacle Bill und die Bibel   93
Der Herr der Ringe   99

Inhalt

Gauß und Kilogauß   105
Der €uro kommt – mein Fenster
   geht   111
Die Geschichte der »Frau
   Deinzer«   117
Der veruntreute Himmel   123
Operativ-Vorgang »Horoskop«   129
Völlig nutzlose Geistesakrobatik   135
Die 1 ist tot – lang lebe die 1!   139
Der eingebaute Astronom   143

4. Kapitel   147   **Geschichten vom Weltall**
Der grüne Strahl   149
Die Irrlichter des Mondes   153
Das Weltall in der Christbaum-
   kugel   159
Das Anthropische Prinzip und der
   einfältige Mönch   165
Mein Urknall   169
Drei populäre Irrtümer   173
Warum die Nacht gleich zweimal
   schwarz ist   179

183   **Personenregister**

Vorwort

Es begann vor mehr als drei Jahren, als mich Manfredo Iazzetta, der Herausgeber der österreichischen Zeitschrift *Star Observer*, fragte, ob ich ihm nicht für jedes Heft eine Kolumne liefern könnte, in der ich Laien Geschichten und Anekdoten erzähle, die sich um die Astronomie ranken. Obwohl mich der Gedanke sofort begeisterte, fürchtete ich, daß mir der Stoff bald ausgehen würde, wenn ich jeden Monat einen Beitrag abliefern sollte. Trotzdem nahm ich das Angebot an, und bald merkte ich, daß mir neue Themen schneller einfallen, als ich Geschichten abzuliefern habe. Mein Vorrat an Stoff wuchs mit der Zeit, und er wächst noch heute. So sind in den letzten Jahren unter dem Titel »Kurioses aus Kippenhahns Kosmos« in der Zeitschrift weit mehr als 30 Kolumnen erschienen. Ich schrieb über Merkwürdigkeiten aus der Geschichte der Astronomie wie über Irrtümer und Mißverständnisse, die dem Laien bei den Überlegungen zu neueren Erkenntnissen der Astronomie und der Astrophysik begegnen. In die Zeit, während der ich meine Kolumnen regelmäßig ablieferte, fiel die totale Sonnenfinsternis, die im August 1999 in Mitteleuropa zu sehen war. Dementsprechend sind fünf der 31 hier abgedruckten Beiträge Sonnenfinsternissen gewidmet. Die Geschichten des Kapitels II, die in Erwartung der Finsternis geschrieben worden sind, habe ich unverändert wiedergegeben.

Ich danke meinem Freund, dem Göttinger Mathematiker Hans-Ludwig de Vries, der so manchen Sonntagnachmittag

8   die entstehende Kolumne mit mir diskutierte und teils durch Kritik, teils durch Anregungen am Gelingen wesentlichen Anteil hatte. Der Piper Verlag hat nun eine Sammlung meiner Kolumnen in diesem Buch zusammengefaßt. Nach dem Erscheinen der einzelnen Kolumnen habe ich – zum Teil durch Leserbriefe – zusätzliche Informationen erhalten. Soweit sie den Lesern als Ergänzung dienen können, habe ich sie an den Schluß der jeweiligen Geschichte gesetzt.

Ich hoffe, die Texte bringen etwas von dem Spaß, den mir das Schreiben bereitete, zu den Lesern hinüber.

Göttingen, im Frühjahr 2001   Rudolf Kippenhahn

1. Kapitel

Geschichten aus der Geschichte

Die Fingernägel des Kopernikus

Er gibt uns Rätsel auf, der Mann, der die Menschen davon überzeugte, daß sich die Erde um die Sonne bewegt. Nikolaus Kopernikus brachte Ordnung in das System der Planeten. Im Jahre 1543 war die Zeit vorbei, in der Sonne, Mond und Planeten angeblich ihre Bahnen um die Erde zogen. Nur den Mond hat Kopernikus ihr als Trabanten gelassen. Die anderen aber, der Merkur, der so selten zu sehen ist, daß Kopernikus von dessen Existenz selbst nur aus Berichten anderer etwas wußte, die Venus, die als Abend- oder Morgenstern die Dämmerung beherrscht, der rote Mars, der hell glänzende Jupiter und der im Vergleich dazu unscheinbare Saturn, alle bewegten sich von nun an um die Sonne.

Das hatte zwar schon 17 Jahrhunderte zuvor der griechische Astronom Aristarchos von Samos behauptet, doch das wissen wir nur von anderen griechischen Autoren. Erst als Kopernikus, der Domherr von Frauenburg, den Gedanken wieder aufnahm, zeigte sich, daß die Bewegungen der Planeten am Himmel, ihre Schleifenbahnen, das Vor und Zurück gegenüber den Fixsternen, daher rühren, daß wir die Planeten von der bewegten Erde aus sehen, also im Laufe eines Jahres immer wieder aus verschiedenen Richtungen.

Wurde Kopernikus zu seiner Entdeckung durch Aristarchs Ideen angeregt? Auf jeden Fall kannte er die Lehre des Griechen, denn im Originalmanuskript des kopernikanischen Buches steht ein Hinweis auf Aristarch. Der Meister hat ihn aber nachträglich wieder durchgestrichen. Das ist

12 eines der Rätsel, welche die Person des Nikolaus Kopernikus umgeben. War er der Versuchung unterlegen, der auch heutzutage Wissenschaftler oft nicht widerstehen können, nämlich die Leistungen ihrer Vorgänger zu verschweigen?

Über die Person des Kopernikus wissen wir verhältnismäßig wenig. Er verrät nicht, wie er zu seinen Ergebnissen gekommen ist. Mehrere Angaben über seinen Beobachtungsort sind falsch. Seine selbstgebauten Beobachtungsinstrumente entsprachen nicht dem Standard der damaligen Zeit. Sie waren grobschlächtiger und ungenauer. Warum hat sich der wohlhabende Mann nicht bessere Instrumente aus den Werkstätten in Nürnberg kommen lassen? Vielleicht, weil er sie nicht allzu häufig benutzte? Meist stützte er sich auf die Messungen der alten griechischen Astronomen.

War Kopernikus Deutscher, war er Pole? »Wir sind stolz auf Mikołaj Kopernikus, auf diesen großen polnischen Wissenschaftler«, sagen die einen und geben dem l im Vornamen einen Schrägstrich. Die anderen rufen aus: »Wir blicken voller Stolz auf Nikolaus Coppernicus, einen der größten deutschen Gelehrten«, und schreiben den Namen mit doppeltem p, weil es das im Polnischen nicht gibt.

Unabhängig davon, wer von beiden recht hat, was hat das mit Stolzsein zu tun? Niemand von uns, sei er nun Pole oder Deutscher, hat irgendwelchen Anteil daran, daß der Domherr von Frauenburg die Sonne in die Mitte des Planetensystems gesetzt hat. Stolz kann ich doch nur auf etwas sein, wozu ich selbst etwas beigetragen habe. Hat denn eine Gans Grund, stolz darauf zu sein, daß ihre Vorfahren irgendwann einmal durch ihr Geschnatter das Kapitol in Rom gerettet haben?

Der polnische Autor Jan Adamczewski meint in seinem 1972 in Warschau erschienenen Buch, die Familie Kopernik stamme aus dem Dorf Koperniki, und der Name komme wahrscheinlich vom polnischen koper, dem Wort für das Küchengewürz Dill. Mikołajs gab es viele in der Familie

Kopernik. Und die Familie der Mutter trug den Namen Watzelrode. Aber vielleicht schrieb sie sich auch Waczygenrode oder Watczenrode. Mit der Orthographie nahm man es damals nicht so genau. Oder kommt der Name Kopernikus vom lateinischen cuprum, Kupfer? Also doch kein polnischer Dill?

Arthur Koestler erklärte, warum es auf die Frage weder ein »ja« noch ein »nein« geben kann: »Alles, was sich dazu salomonisch sagen läßt, ist, daß seine Vorfahren der sprichwörtlich gewordenen Rassenmischung der Grenzprovinzen zwischen germanischen und slawischen Völkern entstammten; daß er in einem strittigen Gebiet lebte; daß die Sprache, die er meistens schrieb, Latein war, die Muttersprache seiner Kindheit Deutsch, wohingegen er mit politischen Sympathien auf der Seite des polnischen Königs gegen den Deutschen Ritterorden stand und auf der Seite des deutschen Domkapitels gegen den polnischen König; und … sein kulturelles Erbe weder deutsch noch polnisch, sondern lateinisch und griechisch war.«

In meinem Leben beschäftigte mich ein ganz anderes Rätsel um den Domherrn von Frauenburg. Als Schüler hatte ich in einem Buch ein Bild von ihm gesehen. Wie auf vielen Holzschnitten hielt er auch hier ein Sträußchen Maiglöckchen in der Hand, das Zeichen für einen Arzt, denn Kopernikus hatte in Italien auch Medizin studiert und war in seiner Heimat ein angesehener Arzt. Seinen Patienten verschrieb er, dem Stande der damaligen Medizin entsprechend, Mischungen aus Zitronenschale, armenischer Erde, Essig, Per-

*Nikolaus Kopernikus
(1473–1543)*

14   len und Smaragden, aus Zedernholz und Zimt. Auch Käfer und das Horn des Einhorns durften nicht fehlen – was man eben so braucht, wenn man gesund werden soll.

Auf dem Bild, das ich vor mehr als einem halben Jahrhundert in meinem Buch gesehen hatte, hält Kopernikus die Blumen in der rechten Hand. Beim genaueren Hinsehen merkt man, daß drei seiner Finger die Fingernägel an der Innenseite der Handfläche tragen. Auch der Daumennagel der linken Hand sitzt irgendwo, wo er nicht hingehört.

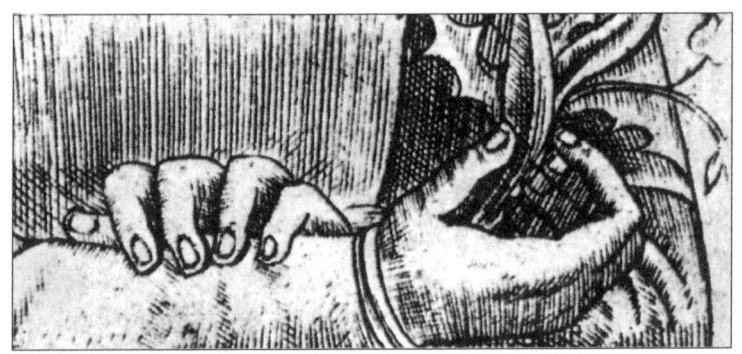

Der Bildausschnitt läßt den Fehler des Malers deutlich erkennen.

Während der Wirren am Ende des Kriegs ging mir das Buch verloren, Titel und Autor vergaß ich. Nur an das Bild konnte ich mich lebhaft erinnern. Ich habe des öfteren Wissenschaftshistorikern davon erzählt, aber keiner wollte es mir glauben. Langsam begann ich an meiner eigenen Erinnerung zu zweifeln. Hatte ich vielleicht das Bild eines anderen Mannes gesehen und übertrug es nun im Rückblick auf Kopernikus? Erst Anfang der 90er Jahre als ich in einem Antiquariat in meiner alten Studienstadt Halle stöberte, fiel mir eine Kopernikus-Biographie in die Hände. Ich schlug das Buch auf, und da sah ich das Bild. Da war er, mit den Fingernägeln am falschen Platz. Meine Erinnerung hatte mich nicht getäuscht.

Jetzt fiel mir auch ein, daß in dem Buch meiner Jugend **15**
vermutet wurde, es handle sich um ein Selbstportrait. Das
habe ich schon damals bezweifelt. Wer herausfand, wo im
Raum sich Merkur und Venus befinden, der wird ja wohl
auch wissen, wo er seine Fingernägel hat.

M. Supp aus Osterburken, Leser (Leserin?) des *Star Observer*,
teilte der Redaktion in einem Leserbrief mit, daß das Bild 1574 von
Tobias Stimmer gezeichnet worden sein soll. Das fand Frau
(Herr?) Supp jedenfalls in einem Buch.

Tobias Stimmer (1539–1584) war ein Schweizer Maler, der nach
Holbein als der markanteste Künstler seiner Zeit gilt. Neben sechs
Bildern und etwa 100 Zeichnungen sind von ihm zahllose Holzschnitte erhalten. Am bekanntesten sind seine 170 Holzschnitte zu
der 1576 in Basel gedruckten Bilderbibel. Beim Tod des Kopernikus war er allerdings erst vier Jahre alt. Der Astronom hatte ihm
also niemals Modell gesessen.

Maria mit dem Krater

Das VLT, das »Very Large Telescope« der Europäischen Süd-
sternwarte in Chile, hatte am 21. April 1998 »First Light«.
Auf den ersten der vier geplanten Achtmeterspiegel fiel zum
ersten Mal Licht aus dem Weltraum. Im Hauptquartier in
Garching gab es eine Pressekonferenz, Bilder des zur Zeit
größten Teleskops der Welt wurden verteilt. First Light ist
eben etwas Besonderes. Vor einigen Jahren wurde das First
Light des Keck-Teleskops auf Hawaii gefeiert. Noch früher
bekam das Weltraumteleskop Hubble Erstes Licht. Doch
bald merkten die Beobachter, daß das 1,5-Milliarden-Dollar-
Projekt einen Sehfehler hatte. Als nach Jahren zu ihm ent-
sandte Astronauten Abhilfe schafften, feierte man das zweite
Erste Licht. Wenn ein Teleskop in internationaler Zusam-
menarbeit entstanden ist, wetteifern die Astronomen der
Teilnehmerstaaten um das Recht der ersten Nacht.

Nur als mein erstes Fernrohr First Light bekam, küm-
merte sich niemand darum – es hatte allerdings nur ein
Fünfundzwanzigtausendstel der Auffangfläche des VLT.
Das war damals mitten im Zweiten Weltkrieg. Wie viele
Astronomen meiner Generation hatte ich in meiner Jugend
den Kosmos-Linsensatz gekauft (für 2.80 Reichsmark), zusammen mit der Anleitung, wie man ein Fernrohr baut und
mit den gelieferten Linsen bestückt. Ich habe aus Papier und
Leim einen Tubus gerollt, habe mit der Laubsäge Linsenfas-
sungen ausgesägt und alles zusammengebaut. Vor unserem
Haus im böhmischen Erzgebirge stellte ich zwei Stühle

18 übereinander, legte den fertigen Tubus darauf und richtete ihn auf den zunehmenden Mond – First Light. Ich werde den Augenblick nie vergessen, als ich die von der Sonne seitlich beleuchteten Mondkrater sah.

In einer Anzeige hatte der Verlag damit geworben, Galilei hätte jeden um den Kosmos-Linsensatz beneidet. Ich weiß nicht, wie gut Galileis erstes Fernrohr war, ich weiß nur, welche Probleme mir meines bereitete. Der Bau des Tubus ging gut, aber bauen Sie einmal eine Montierung aus Holz, wenn Ihnen nicht mehr als eine Laubsäge, Hammer, Bohrer und Leimtopf zur Verfügung stehen. Ich habe es jedenfalls nicht geschafft. Ich weiß nicht, wie Galilei damit zurechtgekommen ist. Der Schriftsteller Arthur Koestler schrieb in seinem Buch *Nachtwandler* spöttisch: »Galileis Leistung bestand nicht darin, die Jupitermonde zu entdecken, sondern den Jupiter überhaupt ins Gesichtsfeld seines Teleskops zu bekommen.« An jenem Abend, als ich den Mond in meinem Fernrohr erblickte, dachte ich unwillkürlich an jenen Galilei, von dem in der Reklame die Rede war. Wie war es, als im Winter 1609 Galileis Fernrohr First Light bekam? In seiner 1610 erschienenen Abhandlung *Sidereus Nuncius (Der Sternenbote)* veröffentlichte er unter anderem seine am Fernrohr angefertigten Mondzeichnungen. Deutlich sind die Krater an der Schattengrenze zu sehen. Galilei schrieb: »Bei wiederholten Beobachtungen haben wir gesehen, daß die Mondoberfläche nicht glatt, eben und

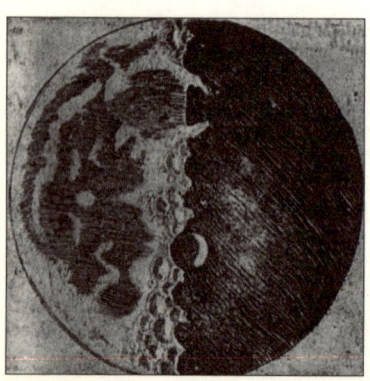

genau kugelförmig ist, wie eine große Anzahl der Philosophen bei ihm und bei anderen Himmelskörpern annahm, sondern im Gegenteil: sie ist uneben, rauh und übersät mit Einsenkungen und Ausbuch-

Eine von Galilei am Fernrohr angefertigte Zeichnung der Oberfläche des Mondes.

tungen, und sie ist wie die Oberfläche der Erde mit ihren
Bergketten und Tälern.«

Aber nicht alle, die den *Sternenboten* lasen, waren von
den Mondkratern begeistert. So mochte der berühmte
Christoph Clavius (1537–1612), der in Bamberg geborene
Astronom am Collegio Romano der Jesuiten, nichts von
ihnen wissen. Für ihn war der Mond eine Kristallkugel, frei
von Ausbuchtungen, frei von Vertiefungen. Dagegen meinte
Ludovico Cigoli, Galileis Freund aus früherer Zeit, inzwischen zu einem berühmten Maler in Rom avanciert, nur das
Alter mache den alten Clavius blind, ein wie großer Gelehrter er früher auch gewesen sein mag. Cigoli selbst war von
Galileis Mondkratern begeistert.

Cigoli hat sich nicht nur durch seine Bilder einen Namen
gemacht. Er war auch ein Erfinder. Wie kann ich einen Ge-
genstand, etwa einen Würfel, so malen, daß er im Bild »richtig« erscheint, selbst wenn das Bild schräg betrachtet wird
oder gar auf einer krummen Fläche gezeichnet ist? Wie kann
ich eine Zeichnung, die ich auf Papier angefertigt habe, auf
eine gebogene Fläche, etwa auf eine Kirchenkuppel, so übertragen, daß der Betrachter die
Bilder in der richtigen Perspektive sieht? Heute würde
man vom Bild ein Dia ma-
chen, es an die Kirchenwand
projizieren und danach zeichnen. Doch damals mußten
die Künstler die Wand durch
einen Ring anvisieren, der
über Fäden und Rollen be-
wegt wurde, um Punkte eines
gezeichneten Bildes auf eine

*Der Astronom Christoph
Clavius (1537–1612)/
© Int. Porträtkatalog der
Archenhold-Sternwarte.*

20   gewölbte Kirchenwand zu übertragen. Der Maler mußte mit einem Stift das gezeichnete Bild abfahren. Fäden und Rollen bewegten dann den Ring so, daß der Blick durch ihn die Stelle zeigte, an der das Abbild des abgetasteten Punktes an die Wand gezeichnet werden mußte. Ein Gehilfe markierte daraufhin diese Stelle nach den Anweisungen des Meisters an der Perspektivmaschine. Damals entwarfen viele Maler solche Maschinen, die es gestatteten, Markierungspunkte für eine richtige Perspektive an eine gewölbte Wand zu zeichnen. Auch Albrecht Dürer war unter ihnen. Von Cigoli sind mehrere Entwürfe für solche Geräte erhalten.

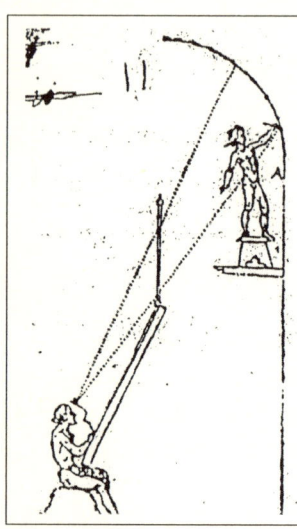

Eine von Cigolis Perspektivmaschinen, mit der er Umrisse an gekrümmte Wände projizierte, um bei den danach angefertigten Bildern für den Beobachter die richtige Perspektive zu erzielen.

Um 1610 war Cigoli bereits berühmt. So bekam er den Auftrag, die Himmelfahrt Mariens an der Kuppel der schon aus der Frühzeit des Christentums stammenden Paulinischen Kapelle von Santa Maria Maggiore in Rom darzustellen. Das Bild entstand um das Jahr 1612.

Damals war es üblich, zu Füßen der aufsteigenden Maria eine Mondsichel zu malen. Als Cigoli mit der Arbeit begann, kannte er natürlich den etwa ein Jahr zuvor erschienenen *Sidereus Nuncius* seines Freundes, und so paßte er sein Bild den brandneuen Ergebnissen an: Sein Mond zeigte Krater! Cigolis Fresko ist die erste künstlerische Darstellung des Mondes mit seinen Ringgebirgen. Albrecht Fölsing[*] fragt

* Albrecht Fölsing, *Galileo Galilei – Prozeß ohne Ende*, München 1983.

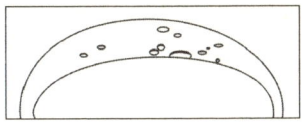

Die Himmelfahrt Mariae in der
Paulinischen Kapelle von Santa Maria
Maggiore in Rom. Die Skizze rechts
deutet die Mondsichel zu Füßen Mariens
im Bild an, zusammen mit einigen
Kratern./© Archivio Vasari/Ikona, Rom.

22 in seiner Galilei-Biografie, was wohl im Kopf des Christoph Clavius vorgegangen sein muß, als er die Mondkrater, ausgerechnet auch noch in einer Kirche, sehen mußte. Clavius mochte die Mondkrater nicht. Später gaben die Astronomen dem schönsten Mondkrater seinen Namen. Doch da war Clavius schon lange tot und konnte sich nicht mehr wehren.

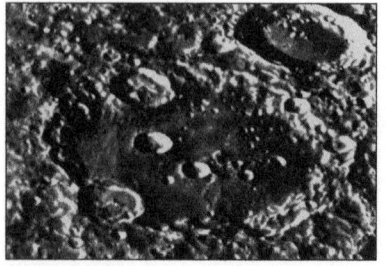

Der nach Clavius benannte Mondkrater, dessen Durchmesser 225 km beträgt.

Der Bierbrauer hinter dem Fernrohr

Vor einigen Jahren begegnete ich im Urlaub Frau Boeth aus Oberursel. Als sie erfuhr, ich sei Astronom, ging ein Strahlen über ihr Gesicht: »Ich bin mit einem Astronomen verwandt.« Als ich den Namen des Kollegen wissen wollte, sagte sie lächelnd »Hevelius«. Nun war mein Interesse geweckt. Der Astronom Hevelius wurde 1611 in Danzig geboren, dem heutigen Gdansk in Polen, wo er den größten Teil seines Lebens verbrachte und wo er 1687 verstarb. Sein eigentlicher Name war Johannes Hevelke gewesen. Zwei Linien der Vorfahren von Frau Boeth tragen den Namen Hevelke.

Im Geburtsjahr von Hevelius liegt Kopernikus schon seit 65 Jahren unter der Erde. Gustav Adolf II. wird König von Schweden. Galilei hat zwei Jahre zuvor als erster sein Fernrohr zum Himmel gerichtet und die Mondkrater, die Jupitermonde und die Phasen der Venus entdeckt. Der 40 jährige Johannes Kepler hat gerade sein theoretisches Werk »Dioptrice« vollendet, in dem er das heutige, aus zwei Konvexlinsen bestehende astronomische Fernrohr beschreibt.

Mit sieben Jahren kommt der junge Hevelke, Sohn eines Bierbrauers, des-

Johannes Hevelius (1611–1687)/ © Int. Porträtkatalog der Archenhold-Sternwarte.

sen Familie etwa 200 Jahre zuvor aus der Gegend von Cuxhaven eingewandert war, auf das Akademische Gymnasium in Danzig, auf dem er sechs Jahre bleibt, bis in der Stadt die Pest ausbricht. Daraufhin wird er mit seinen Geschwistern in die Gegend von Bromberg (heute Bydgoszcz) geschickt, wo er die polnische Sprache erlernt. Drei Jahre später kehrt er an seine alte Lehranstalt in Danzig zurück und wendet sich vor allem mathematischen und astronomischen Studien zu. Sein Lehrer Petrus Crüger, ein Anhänger der Lehre des Kopernikus, ist auch mit Keplers Planetengesetzen vertraut. In ihm hat der junge Hevelke einen großen Förderer, der ihn lehrt, die Planetenstände, aber auch Sonnen- und Mondfinsternisse zu berechnen. Daneben lernt Johannes das Handwerkliche, das er später zum Bau seiner astronomischen Instrumente brauchen wird: Gegenstände aus Holz, Kupfer oder Elfenbein zu drechseln, Meißel, Hammer, Feile und Grabstichel zu führen. Er konstruiert Sonnenuhren und Himmelsgloben.

Der Vater aber will, daß Johannes einmal Danziger Ratsherr wird. So schickt er ihn an die Universität zu Leiden, damit er die Jurisprudenz erlerne. Johannes versäumt es dort aber nicht, auch sein Wissen in der Optik, der Mechanik, der Mathematik und erst recht in seinem Lieblingsfach, der Astronomie, zu vermehren. Er besucht Gelehrte in London, Paris und Avignon, mit denen er ein Leben lang in Briefkontakt bleiben wird.

Zurück in Danzig heiratet Johannes die Tochter eines reichen Bierbrauers, verwaltet dessen Brauerei, zu der drei Häuser gehören, auf deren Dächern er später seine Sternwarte bauen wird. Während Kepler ständig in Geldnot war, kennt Hevelke, der sich von nun an Hevelius nennt, keine Geldsorgen. Er besitzt zwei Brauereien und dazu noch eine Ziegelei. Ein Jahr nach dem Tod seiner ersten Frau heiratet er Elisabeth Koopman, die noch ein Gut und ein Pferdegestüt samt Pferdehandel in die Ehe einbringt.

Hevelius baut eine Sternwarte und stellt die dazu nöti-
gen Instrumente selbst her. In Venedig und Warschau ge-
gossene Glaslinsen schleift er eigenhändig. Zu dieser Zeit
gibt es weder in Greenwich noch in Paris eine Sternwarte.
Seine in der wissenschaftlichen Welt Aufsehen erregenden
Beobachtungen rufen allerdings auch Kritiker auf den Plan.
Der englische Physiker Robert Hooke vermutet, die Danziger Meßergebnisse seien gefälscht. Um das zu prüfen,
schicken die Gelehrten in Cambridge den 45 Jahre jünge-
ren Astronomen Edmond Halley im Jahre 1679 zu Hevelius, damit er sich in dessen Sternwarte umsehe. Das
Ergebnis ist ein Triumph für den älteren: Die englischen
Astronomen müssen zur Kenntnis nehmen, daß die Meß-
genauigkeit des Hevelius nicht schlechter ist als ihre eigene.
Im gleichen Jahr brennen seine drei Häuser mit der
Sternwarte ab. Viele seiner Instrumente und seiner Manu-
skripte werden zerstört. Für den Neubau erhält Hevelius
finanzielle Unterstützung vom König von Polen und vom
Hofe Ludwigs XIV. Doch die neue Sternwarte ist nur ein
Notbehelf.

Eine Karte aus der 1690 erschienenen Uranographia *mit dem Sternbild
der Jagdhunde.*

26   Unsterblich wurde Hevelius durch seine Mondkarten, die er in dem Werk *Selenographia* veröffentlicht, und durch seine Arbeiten über Kometen. Nach seinem Tode gab seine

Das Riesenfernrohr des Hevelius

zweite Frau Elisabeth, die mit ihm 24 Jahre lang gemeinsam beobachtet hatte, die *Uranographia,* einen Band mit 56 wahrscheinlich von ihm selbst angefertigten Gravuren von Sternbildern heraus. Hevelius war ein hervorragender Fernrohrbauer. Berühmt wurde sein vor den Toren Danzigs errichtetes Fernrohr von 45 Metern Länge.

Wenn Hevelius auch deutscher Abstammung war, so war er doch stark von der Wechselbeziehung zweier Kulturen beeinflußt. Als er für seine Sternkarten einigen Sternbildern neue Namen gab und das Sternbild Scutum einführte, nannte er es Sobieskischer Schild, zu Ehren des polnischen Königs Johann Sobieski (1624–1698). Mir scheint es, als ob sich heute die Polen mehr um Hevelius kümmerten als die Deutschen. Ich habe 50 deutsche Großstädte daraufhin überprüft, ob dort eine Straße seinen Namen trägt. Berlin, München, Hamburg, Frankfurt/M. und Düsseldorf, alles Fehlanzeigen. Nur in Hannover und Ingolstadt wurde ich fündig. Natürlich gibt es in Warschau die Straße »Heweliusco Jana«. Polens Bierbrauer sind noch heute stolz auf ihren

Kollegen hinter dem Fernrohr, und so ziert sein Name auch Kronenkorken von Bierflaschen. In Dan-

Kronenkorken polnischer Bierflaschen

zig können Sie im Vier-Sterne-Hotel »Hevelius«, natürlich in der Heweliusza-Straße, übernachten. Es gab auch eine Fähre »Jan Hevelius«, die im Januar 1994 Schlagzeilen machte, als sie auf ihrer Route nach Schweden 50 Passagiere mit sich in die Tiefe riß.

Ob nun Frau Boeth aus Oberursel wirklich eine Nachkommin des Astronomen Hevelius ist? Hevelke ist in Deutschland kein allzu seltener Name. Ich fand auf meiner Telefon-CD-Rom 30 Anschlüsse unter diesem Namen. Doch in der Familie der Frau Boeth hält sich die Überlieferung, sie seien Nachkommen von Hevelius, wenn sich das auch nicht lückenlos beweisen läßt. Ich selbst glaube es auch, denn Frau Boeth interessiert sich leidenschaftlich für die Sterne.

... und das kann sie nur von ihm haben.

William J. Herschel, der Detektiv

Haben Sie schon einmal versucht, als interessierter Laie einem Physiker oder Astronomen zu erklären, daß ihm und seinen Kollegen ein grundlegender Irrtum unterlaufen ist? Sie haben wenig Chancen, ihn zu widerlegen, denn er hat wie alle seine Kollegen jahrelang Mathematik und Physik studiert und beherrscht sein Handwerkszeug. Sie können ihm meist nur Ihren »gesunden Menschenverstand« entgegensetzen, der sich zwar im täglichen Leben bestens bewähren mag, der aber nichts bringt, wenn es sich um Vorgänge im Bereich der Atome, in der Welt der Schwarzen Löcher oder um den Urknall handelt. Dort läßt uns der aus der Erfahrung des täglichen Lebens gewonnene »gesunde Menschenverstand« schmählich im Stich. Die Welt der Quanten und der Kosmologie gehört eben nicht zur Erfahrung des täglichen Lebens. Es gibt aber in jeder Wissenschaft Nischen, in denen auch der Laie so manchen Profi in die Tasche stecken kann.

Naturwissenschaftler, die in der Forschung aktiv sind und es bleiben wollen, haben meist nur ein sehr loses Verhältnis zur Geschichte ihres Faches. Um im Wettstreit mit Hunderten ihrer Kollegen auf der ganzen Welt mithalten zu können, sind sie voll damit beschäftigt, sich in der Forschung von heute auf dem laufenden zu halten. Da bleibt keine Zeit für Gedanken, wer wann in der Vergangenheit auf welche neuen Ideen gekommen ist, die uns inzwischen längst wohlvertraut sind. Nur was heute neu ist, zählt. Astrono-

30 men machen da keine Ausnahme, und das leichtfertige Urteil über einen Kollegen »der ist ja schon so alt, daß er sich nur noch mit der Geschichte seines Faches befaßt« geht leicht über die Lippen. Wer in der Branche etwas gelten will, sollte über das inflationäre Weltall und über das Schwarze Loch im Zentrum der Milchstraße Bescheid wissen. Es ist dann nicht so wichtig, ob er weiß, wer als erster auf die Idee kam, daß die Spiralnebel keine Gasnebel sind, sondern Ansammlungen von Sternen.

Darauf können Sie Ihre Strategie aufbauen. Fragen Sie einen Astronomen oder Astrophysiker in aller Unschuld, was er Ihnen über Sir William J. Herschel erzählen kann. Vielleicht kennt er den Namen nur so ungefähr und weiß nichts zu sagen. Wahrscheinlich aber wird er Ihnen etwa das Folgende erzählen: William Herschel hieß ursprünglich Wilhelm und stammte aus Hannover, war Musiker und wanderte nach England aus. Er war auch Amateurastronom und machte schließlich die Astronomie zu seinem Beruf. Er entdeckte den Planeten Uranus und versuchte, durch Sternzählungen den räumlichen Aufbau unseres Milchstraßensystems zu ergründen. Wenn der Gefragte noch mehr weiß, kann er Ihnen vielleicht auch sagen, daß Herschels Schwester Caroline Konzertsängerin, aber auch eine erfolgreiche Kometenjägerin gewesen ist und daß sein Sohn John Frederick gleichfalls Astronom wurde und in Kapstadt eine Sternwarte errichtete.

Wenn Sie sich das alles ruhig angehört haben, kommt Ihre Stunde. Sagen Sie ihm, das sei

Friedrich Wilhelm (William) Herschel (1738–1822), der Entdecker des Planeten Uranus.

zwar alles sehr interessant, Ihre Frage habe er aber nicht beantwortet. Sie hätten ihn nicht nach William Herschel, sondern nach William J. Herschel gefragt. Jetzt können Sie ihm von William James Herschel erzählen, dem englischen Kolonialbeamten in Rangoon in Indien, der von 1833 bis 1917 lebte. Zu seinen Pflichten gehörte es damals, den pensionierten indischen Soldaten monatlich ihre Pension auszuzahlen, eine schwierige Aufgabe, denn es war nicht leicht, die vielen Männer auseinanderzuhalten, die für europäische Augen einander recht ähnlich waren: gleiche Augen- und Haarfarbe und oft auch noch gleiche Namen. Bisweilen gelang es einem der Pensionäre, sich sein Geld zweimal zu holen. Manchmal wollte ein Fremder, der niemals im englischen Dienst gestanden hatte, ausbezahlt werden. Wie konnte Herschel solche Unregelmäßigkeiten ausschalten? Da erinnerte er sich an die sonderbaren Abdrücke, die schmutzige Finger auf Holz, Glas und auch auf Papier zurücklassen. In ihnen konnte er Linien erkennen, Bögen, Schleifen, Wirbel und Dreiecke. Als Herschel die Fingermuster genauer studierte, fand er, daß verschiedene Menschen verschiedene Fingerabdrücke hinterlassen. Wohl aber schien jeder Mensch über die Zeit hin dasselbe Linienmuster beizubehalten. Tatsächlich, wenn auch im Laufe der Jahre das Gesicht faltig wird, wenn die Zähne ausfallen, der Gang gebückt und die Haare weiß werden, die Linien auf den Fingerkuppen bleiben unverändert. Da lag es nahe, die Pensionäre bei der Auszahlung mit den Abdrücken zweier

John Frederick Herschel (1792–1871), der Astronom vom Kap.

32   Finger quittieren zu lassen. Wenn einer seine Finger auf das Papier drückte und eine frühere Empfangsquittung bereits dasselbe Linienmuster zeigte, ging der Mann leer aus. Um 1858 nahm Herschel auch die Fingerabdrücke Strafgefangener in seine Sammlung auf. Damit ergab sich die Möglichkeit, Täter zu erkennen, die bereits eine Vorstrafe abgesessen hatten. Leider begriff keiner seiner Vorgesetzten die Tragweite der Entdeckung, und so blieben die Fingerabdrücke Herschels Hobby. Erst als 20 Jahre später ein schottischer Arzt, der in Tokyo unabhängig von Herschel die Bedeutung der Fingerabdrücke erkannt hatte, in der englischen Zeitschrift *Nature* darüber berichtete, meldete sich auch Herschel und veröffentlichte seine früheren Erkenntnisse.

Doch was nützt die schönste Sammlung von Abdrücken, wenn man von einer Fingerspur wissen will, ob sie mit einem der vielen Abdrücke in einer Sammlung übereinstimmt? Man kann nur schwer Zehntausende von ihnen miteinander vergleichen. Es war daher nötig, ein System zu schaffen, nach dem man die Abdrücke ordnen konnte. Das gelang zuerst dem englischen Privatgelehrten Francis Galton. Dieser vielseitige Mann ging von Herschels Arbeiten aus und legte sich eine eigene Sammlung von 100 000 Karteikarten mit je 10 Abdrücken an. Es gelang ihm, in die Vielfalt

von Dreiecken, Schlingen und Wirbeln der Linienmuster ein System zu bringen und die Fingerspuren wie die Wörter in einem Lexikon zu ordnen. Damit wurde es möglich, einen am Tatort vorgefundenen Abdruck nach dem gleichen Schema zu klassifizieren. Es

William James Herschel (1833–1917), der Fingerabdruckspezialist.

war dann leicht, zu prüfen, ob ein Abdruck des Täters bereits in der Sammlung existierte. Damit hielt der Fingerabdruck Einzug in die Polizeiarbeit.

Warum ich über William James Herschel, einen Pionier der Kriminalistik, ausgerechnet in einer astronomischen Zeitschrift schreibe? Sein Vater war Sir John Frederick Herschel, der Astronom vom Kap. Der Entdecker des Planeten Uranus, der große Sir William Herschel, war sein Großvater.

... und das weiß kaum ein Astronom.

Die Supernova und der Dieb vom Peipus-See

Wer etwas Neues entdeckt hat, will auch den Lohn dafür erhalten. So sind wir Menschen eben. Bei vielen wissenschaftlichen Entdeckungen besteht dieser Lohn nicht in barer Münze, sondern im Ansehen bei den Fachkollegen. Oft aber ist nicht zu entscheiden, wem der Ruhm gebührt. Hat Simon Marius aus Gunzenhausen die Jupitermonde vor Galilei gesehen? Entdeckten Vater und Sohn Fabricius in Ostfriesland die Sonnenflecken vor Christoph Scheiner in Ingolstadt und vor Galilei in Italien? Polarforscher haben es einfach. Amundsen pflanzte als erster seine Fahne auf den Südpol. Als sein Konkurrent Scott dort ankam, mußte er erfahren, daß er vier Wochen zu spät war.

Früher sicherten sich die Gelehrten die Priorität ihrer Entdeckungen in einem Anagramm. Sie faßten die Neuigkeit zuerst in einen prägnanten Satz zusammen, etwa »Jupiter zeigt im Fernrohr parallele Streifen«. Dann schrieben sie die Buchstaben in alphabetischer Reihenfolge hin und veröffentlichten das Ergebnis: AAEEEEEEFFGHIIIIJLLLM-NNOPPRRRRRRSTTTUZ.

Das versteht zwar keiner, aber wenn später ein Kollege unabhängig davon die Streifen am Jupiter findet, kann der Erstdecker darauf hinweisen, daß das alles schon in seinem Anagramm verschlüsselt ist. Heute schreibt man den Ruhm einer astronomischen Erstentdeckung demjenigen zu, der die Neuigkeit als erster einer renommierten Fach-

36 zeitschrift oder der Internationalen Astronomischen Union gemeldet hat. Man schreibt heute kein Anagramm mehr, sondern ein Telegramm oder eine E-Mail.

Beinahe wäre dem Astronomen Ernst Hartwig, dem späteren Gründungsdirektor der Bamberger Sternwarte, die Priorität der größten Entdeckung seines Lebens entgangen. Am Abend des 20. August 1895 erklärte der 34 jährige Observator der Sternwarte in Dorpat (Tartu) einer Gruppe von vier Besuchern, wie nach den damaligen Vorstellungen unser Sonnensystem entstanden sei: Zuerst bildet sich eine Scheibe, in der später die Planeten entstehen, während in der Mitte die Sonne geboren wird. Das ist auch heute noch richtig, doch man glaubte damals, die elliptischen Nebelchen am Himmel, wie etwa der Andromedanebel, seien solche gerade entstehende Sonnensysteme. Zur Illustration wollte Hartwig seinen Besuchern den Andromedanebel im großen Fernrohr der Sternwarte zeigen. Kaum hatte er ihn im Blickfeld, rief er aus: »Da ist schon die Zentralsonne im Nebel!« Mitten im Nebel stand ein neuer Stern. Konnte die Erscheinung nicht irgendeine Reflexion sein? Hartwig war sich nicht sicher. Zur Zeit stand schließlich der Mond hell am Himmel. Doch als er am 31. August den Andromedanebel vor Mondaufgang betrachten konnte, war er sich seiner Sache sicher. Da war das Telegrafenbüro längst geschlossen. Es gelang ihm aber,

den Beamten am Bahnhof um 2 Uhr nachts durch Geld und gute Worte zu überreden, ein Telegramm an die damalige astronomische Zentralstelle in Kiel zu senden: »Höchst merkwürdige Veränderung des Großen Andromedanebels, fixsternartiger Kern siebenter Größe.« In der folgenden Nacht untersuchte Hartwig den Stern weiter und sandte einen zweiten Bericht am Morgen

Ernst Hartwig (1851–1923)

des 2. September mit der Post nach Kiel ab. Er vertraute die Nachricht dem Briefkasten des über den Peipus-See nach Pleskau (Pskov) fahrenden Dampfers an, damit er von dort mit der Bahn weiterbefördert werde. Der Brief hat den Empfänger niemals erreicht. Das Rätsel der verschwundenen Supernova-Nachricht löste der »Vorsteher Kollegienrat von Urbanowitsch«. Er fand heraus, daß der Briefkasten des Dampfschiffes täglich von einem Unbefugten geleert wurde, der die Briefe an sich nahm, um die aufgeklebten Marken abzulösen und zu verkaufen. Wie gut, daß Hartwig seine erste Meldung per Telegramm geschickt hatte.

Nachdem die Neuigkeit von Kiel aus weitergeleitet worden war, meldeten sich viele Beobachter, die den neuen sternartigen Kern im Andromedanebel schon früher gesehen, aber nicht gemeldet hatten. Darunter war auch der 22 jährige Max Wolf, der spätere Direktor der Heidelberger

Der Andromedanebel, ein aus 100 Milliarden Sternen bestehendes System in 2 Millionen Lichtjahren Entfernung. In seinem Zentralgebiet leuchtete 1895 eine Supernova auf (Aufn. Jason Ware).

38   Sternwarte auf dem Königstuhl, der am 25. August an der Sternwarte seines Vaters den Stern gesehen hatte, der aber am 16. August noch nicht zu sehen war. Am Himmel aufleuchtende Sterne kannte man schon lange; immer wieder blitzen sie in unserem Milchstraßensystem auf und strahlen vorübergehend mit der 20 000 fachen Leuchtkraft der Sonne. *Novae* nennen sie die Astronomen.

Niemand hat Hartwig die Priorität der Entdeckung der Nova im Andromedanebel streitig gemacht. So etwas Besonderes war die Entdeckung damals auch wieder nicht. Hartwigs Nova war nicht einmal mit bloßem Auge zu sehen. Er hat niemals erfahren, welch großartige Entdeckung er in Wirklichkeit gemacht hatte.

Am 5. Oktober 1923, in Hartwigs Todesjahr, gewann Edwin P. Hubble mit dem 2,5-Meter-Spiegel auf dem Mt. Wilson eine 45 minütige Aufnahme des Andromedanebels. Darin sah er zum ersten Mal einen veränderlichen Stern vom Typ Delta Cephei, mit dem er die Entfernung des elliptischen Nebelchens abschätzen konnte. Hatte man vorher noch wie Hartwig vermutet, es handle sich um eine Gasscheibe in unserem eigenen Milchstraßensystem, so konnte Hubble die schon auf Immanuel Kant zurückgehende Vermutung bestätigen, daß die elliptischen Nebel Sternsysteme sind wie unser eigenes Milchstraßensystem, weit draußen im Raum. Damit war auch Hartwigs Nova wieder in das Zentrum des Interesses gerückt. Wenn sie im fernen Andromedanebel aufleuchtete, mußte sie ungleich heller sein als die Novae, die hier in unserer Nachbarschaft aufblitzen.

Im Jahre 1934 entdeckten Walter Baade und Fritz Zwicky, daß es neben der Nova-Erscheinung noch eine andere, viel mächtigere Art von aufleuchtenden Sternen gibt, die im Maximum zehn Millionen mal heller strahlen als unsere Sonne: die *Supernovae*. Ein von dem Astronomen Tycho Brahe im Jahre 1572 in unserem Milchstraßensystem beobachteter »neuer Stern« war eine Supernova. Hartwigs Stern war keine hausbackene Nova, er war eine Supernova. Heute wissen wir, daß in fernen Galaxien immer wieder Supernovae aufleuchten und daß sie eine entscheidende Rolle bei der Entwicklung der chemischen Zusammensetzung der Materie der Welt spielen. Viele der chemischen Elemente in unserem Körper sind in einem Supernova-Ausbruch entstanden und in den Raum geschleudert worden. Daraus entstehen wieder Sterne, wie vor $4\frac{1}{2}$ Milliarden Jahren auch unsere Sonne mit ihren Planeten.

... und davon ahnte Hartwig nichts.

Geister aus der Vierten Dimension

Wahrscheinlich ist Erich Weiß am Abend des 31. Oktober 1997 gar nicht erschienen. Wer immer da in das Goodspeed Opera House in East Haddam in Connecticut gekommen war, er konnte sich nicht an frühere Bekannte des Erich Weiß erinnern, sosehr sich Elaine Kusmeskus, das Medium, auch bemühte. Nicht einmal den Inhalt eines verschlossenen Briefumschlags konnte er vorlesen. Das hatte Erich Weiß nie Schwierigkeiten bereitet, damals, als er noch lebte und unter seinem Künstlernamen Harry Houdini (1874–1926) die Säle füllte. Jetzt war er schon seit 71 Jahren tot. Doch immer noch in jedem Jahr finden sich Leute, die an seinem Todestag versuchen, mit ihm Kontakt aufzunehmen. Irgendwie klappte es bisher nie.

Vielleicht lag es daran, daß Houdini selbst die Sache nicht ernst nahm. Er war Zauberkünstler gewesen, ein Meister der Entfesselung, der mit vielerlei Tricks sein Publikum verblüffen konnte. Heute würde man sagen, er war ein David Copperfield. Ein Uri Geller war er jedenfalls nicht, denn nie hatte er behauptet, er besäße übernatürliche Kräfte. Doch das nahmen ihm seine Fans nicht ab, auch Sir Conan Doyle nicht, der Vater des Sherlock Holmes. Doyle glaubte fest an übernatürliche Erscheinungen und hielt Houdini für einen mit übersinnlichen Kräften ausgestatteten Auserwählten. Dieser dagegen war überzeugt, daß spiritistische Erscheinungen auf Tricks beruhten, wie er sie selbst bei seinen Vorführungen benutzte. Es gelang ihm, mehrere »Medien« als

42 Betrüger zu entlarven. Hatte das Medium »Margery«, die Frau eines Arztes in Boston, wirklich Kontakt mit ihrem verstorbenen Bruder oder war sie eine Schwindlerin? An dieser Frage zerbrach schließlich die Freundschaft zwischen Doyle und Houdini.

In der zweiten Hälfte des letzten Jahrhunderts gehen auch Wissenschaftler den Phänomenen der Hypnose und des Spiritismus nach. In England ist es Sir William Crooks (1832–1919), der Erfinder der bekannten »Lichtmühle«, bei der sich ein Flügelrad im luftverdünnten Glaskolben dreht, wenn es vom Sonnenlicht getroffen wird. Der Physiker Crooks leistete die entscheidenden Vorarbeiten zum Verständnis der Kathodenstrahlen, die heute die Fernsehbilder auf die Mattscheibe werfen. Im Hause von Sir William fanden regelmäßig spiritistische Séancen statt. Eines der dort auftretenden Medien wurde später als Schwindlerin entlarvt. Doch die Experimente im Hause Crooks begeistern einen Deutschen, der im Jahre 1875 nach London kommt.

Der Astronom Karl Friedrich Zöllner (1834–1882) wird oft als der Vater der Astrophysik angesehen. Für ihn waren irdische und kosmische Physik ein und dasselbe. Isaac Newton hatte das schon 200 Jahre zuvor für die Mechanik gezeigt. Doch zu Zöllners Zeit wurde klar, daß nicht nur die Gesetze der Mechanik, sondern alle Naturgesetze, die wir von der Erde her kennen, auch in den fernsten Winkeln des Weltalls gelten. Zöllner begründete einen der wichtigsten Zweige der Astrophysik, die Photometrie. Fragen der modernen Astrophysik, etwa die nach dem Weltalter oder die nach der bei einer Supernova-Explosion frei werdenden Energiemenge, werden

Karl Friedrich Zöllner (1834–1882)

durch photometrische Messungen beantwortet. Ob ein Stern veränderlich ist oder ob er mit konstanter Leuchtkraft strahlt – die Antwort wird durch die Energiemenge gegeben, die von einem Himmelskörper bei uns auf der Erde ankommt. Um sie zu bestimmen, bedarf es eines Meßgerätes, eines *Photometers*. In Zöllners Photometer wird das vom Stern ankommende Licht mit einer Standardlichtquelle verglichen. Eine der Meisterleistungen Zöllners war es, die Strahlungsintensität der Sonne mit der des Sterns Capella zu vergleichen. Beide Intensitäten unterscheiden sich voneinander um einen elfstelligen Faktor! Zöllner lieferte auch noch andere wichtige wissenschaftliche Beiträge, doch ich will hier von dem anderen Zöllner erzählen, von dem, der er wurde, nachdem er von Crooks' Experimenten erfahren hatte.

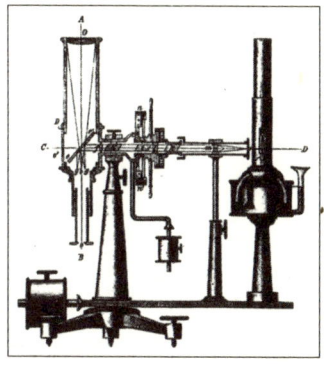

In Zöllners Photometer wurde die Helligkeit des durch das Fernrohr (links) beobachteten Sterns mit einer künstlichen Lichtquelle (rechts) verglichen, deren Licht in den Strahlengang des Fernrohres gespiegelt wird.

Wer heute den dritten Band von Zöllners gesammelten Werken aufschlägt, findet unter anderem auf mehr als 800 Seiten Abhandlungen über seine spiritistischen Experimente und Auseinandersetzungen mit Kritikern, denn die wissenschaftliche Öffentlichkeit reagierte scharf auf Zöllners Thesen. Der Band ist William Crooks gewidmet: »Durch eine seltsame Fügung haben sich unsere wissenschaftlichen Bestrebungen auf den gleichen Gebieten des Lichtes und einer neuen Classe physikalischer Phänomene begegnet, welche die Existenz einer anderen materiellen und intelligenten Welt mit nicht mehr zu bezweifelnder Gewißheit der erstaunten Menschheit verkünden.«

Zöllner wäre nicht Naturwissenschaftler, würde er seine

44   Vorstellungen nicht zu begründen versuchen. Die Mathematiker haben gerade die nichteuklidischen Geometrien entdeckt. Die Geometrie in der Ebene ist nur der Einzelfall eines zweidimensionalen Raumes unter den vielen zweidimensionalen Geometrien auf allen denkbaren krummen Flächen. Die Lehrsätze der Geometrie auf der Kugelfläche sind andere als die in der Ebene. Doch alle die verschiedenen Flächenwelten, ob Ei, Kugel oder Zylinder, existieren im Raum von drei Dimensionen. Unser dreidimensionaler Raum ist dann vielleicht in einem vierdimensionalen Raum eingebettet. Wenn dieser von den Geistern Verstorbener bevölkert würde, dann könnten viele der spiritistischen Erscheinungen besser verstanden werden. Gegenstände ließen sich zum Beispiel über die Vierte Dimension mühelos aus einem verschlossenen Kasten herausnehmen, ohne ihn zu öffnen.

Zöllner schlägt seinem Medium, dem Amerikaner Henry Slade, ein Experiment vor:

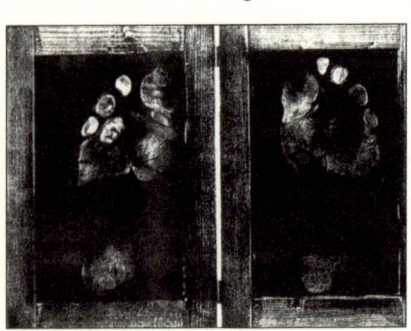

Er nimmt eine Doppeltafel, das heißt zwei mit Scharnieren verbundene Tafeln, die wie ein Buch zusammengeklappt werden können, legt zwei berußte Papierblätter hinein und klappt die Tafel zu. Einem Geist aus der Vierten Dimension müßte es dann ein Leichtes sein, seine Fußabdrücke auf die

Ein »Dokument« der Fußabdrücke eines bei einer von Zöllners spiritistischen Séancen erschienenen Geistes.

beiden Blätter der verschlossenen Tafel zu setzen. Nach einigem Zögern willigt Slade in das Experiment ein. Während der Sitzung ist es dunkel. Zöllner fühlt, wie die auf seinem Schoß ruhende Tafel zweimal nach unten gedrückt wird. Nach dem Öffnen zeigen die Papierblätter zwei Fußabdrücke.

Wie schon vor ihm der Physiker Crooks fällt auch der Astronom Zöllner auf Taschenspielertricks herein. Henry Slade wird später als Betrüger entlarvt.

Die meisten seiner Kollegen spotten über Zöllners Exkursionen in die Welt des Transzendenten. Er ist verbittert, und gegen Ende seines Lebens veröffentlicht er hauptsächlich polemische Schriften. Am Morgen des 25. April 1882 findet man Karl Friedrich Zöllner tot an seinem Schreibtisch vor dem unvollendeten Manuskript für das Vorwort zur dritten Auflage seines Buches über Kometen.

Auf zwei Planeten

Im Sommer des Jahres 1945, wenige Monate nach Ende des Zweiten Weltkrieges, arbeitete ich als Hilfskraft an der Sternwarte in Sonneberg in Thüringen, mit dem Zeugnis meines in den letzten Kriegswochen abgelegten Abiturs in der Tasche, und wartete darauf, daß irgendwo in Deutschland eine Universität wieder ihre Pforten öffnen würde. Damals lieh mir ein Sonneberger Astronom den zweibändigen Roman von Kurd Laßwitz *Auf zwei Planeten*. Innerhalb weniger Tage hatte ich den 1897 geschriebenen Zukunftsroman über die Begegnung der Bewohner des Planeten Mars mit denen der Erde verschlungen. Das liegt mehr als ein halbes Jahrhundert zurück. Seit Jahren stehen in meiner Bibliothek zwei neuere Ausgaben des Romans, doch die 966 Textseiten des Originals sind bei beiden auf etwa 350 zusammengestrichen worden. Dabei blieben nicht nur Weitschweifigkeiten auf der Strecke, sondern auch Details, mit denen der ideenreiche Autor seinen Roman bereichert hatte. Lange habe ich daher nach einer alten Originalausgabe gesucht, bis ich jetzt im Internet auf das Angebot eines Antiquariats stieß, in dem eine alte Ausgabe zum Preis von DM 35 angeboten wurde, »mit leichten Stockflecken«. Innerhalb weniger Tage bekam ich das Buch. Der Erstbesitzer hatte sich auf der Titelseite eingetragen: »H. Wapler sen., Weihnachten 1913«. Ein und ein halbes Jahr danach hatte der Erste Weltkrieg begonnen. Ob Herr Wapler sen. oder einer seiner Söhne damals in den Krieg ziehen mußte?

48 Wahrscheinlich lebten die Waplers in Mitteldeutschland. Das Buch hat im Zweiten Weltkrieg keinen Schaden erlitten, und es überlebte auch den real existierenden Sozialismus, bis es nach der Wende in das Antiquariat in Magdeburg kam.

Kurd Laßwitz wird 1848 in Breslau geboren, der Vater ist Fabrikant und Kaufmann und lange Zeit demokratischer Abgeordneter im preußischen Landtag. Im Jahre 1866 beginnt der junge Laßwitz das Studium der Mathematik und Physik und erhält später die Lehrerlaubnis für die Fächer Mathematik, Physik, Philosophie und Erdkunde. Er promoviert mit einem Thema aus der Physik und wird 1876 Gymnasiallehrer in Gotha.

Im Jahre 1888 wird ein Berliner Schüler, der wegen mangelnder Leistungen im Griechischen das Klassenziel nicht erreicht hat, zur Besserung nach Gotha geschickt. Das tut ihm gut, denn nach Berlin zurückgekehrt schafft Hans Dominik das Abitur. Er wird der erfolgreichste deutschsprachige Science-fiction-Autor der dreißiger Jahre. In Gotha war Laßwitz sein Mathematiklehrer. Als der Planet Mars im Jahre 1892 der Erde besonders nahe kommt, verfolgt Laßwitz die Erscheinungen auf der Planetenscheibe im Fernrohr. Wahrscheinlich war diese Marsopposition der Auslöser,

denn 1897 erscheint der erste große Science-fiction-Roman in deutscher Sprache *Auf zwei Planeten* – Laßwitz landet einen Bestseller. Ein Jahr später kommt in England ein weiterer großer Roman über die Begegnung der Marsbewohner mit den Menschen heraus, *Der Krieg der Welten* von H. G. Wells. Im Gegensatz zu den Marsmenschen bei Laßwitz, die sich mit den

Kurd Laßwitz (1848–1910)

Menschen geistig auseinandersetzen, sind die Marsbewohner bei Wells rücksichtslose Killer, mit denen keine Kommunikation möglich ist. Daß Wells Roman heute bekannter ist als der von Laßwitz, sagt nichts über die Marsmenschen aus, sondern über die Bewohner der Erde.

Ein wesentlicher Teil des Laßwitzschen Romans handelt in Gotha. Im Buch nannte er die Stadt »Friedau« und dachte dabei wohl an das Schloß Friedensstein in Gotha. Auch in den Hauptpersonen des Romans finden sich seine Kollegen und Freunde aus Gotha wieder, natürlich mit anderen Namen. Die Marsbewohner des Kurd Laßwitz sind der Menschheit geistig überlegen und technisch weit voraus. Sie sind Demokraten, und Kriege gibt es auf dem Mars schon längst nicht mehr. Auf der Erde angekommen, schließen sie in Deutschland die Kasernen und eröffnen in den Gebäuden Volkshochschulen, in denen sie die Menschen auf den Entwicklungszustand des Mars bringen wollen.

Das vom Pazifismus durchdrungene Werk mußte später den Nationalsozialisten ein Dorn im Auge sein. So wurde Laßwitz 1933 zum unerwünschten Autor. Bis dahin waren 70 000 Exemplare in deutscher Sprache verkauft worden, auch mehrere fremdsprachige Ausgaben waren erschienen. Im Nazideutschland des Jahres 1935 wurde der Kurd-Laßwitz-Weg in Gotha in Brahmsweg umbenannt. Erst 1948 wurde ein Weg im Park von Schloß Friedensstein nach ihm benannt – wesentlich bescheidener als der Brahmsweg.

Neben seinem Marsroman schrieb der von Immanuel Kant geprägte Laßwitz eine Reihe »wissenschaftlicher Märchen« und zahlreiche philosophische Abhandlungen. Ich habe in zweien meiner Bücher von seinen Schriften Gebrauch gemacht, von seiner zweibändigen *Geschichte der Atomistik* wie auch von seiner geistvollen Kurzgeschichte *Die Universalbibliothek* – meiner Meinung nach ist es seine beste.

Laßwitz vereint das strenge naturwissenschaftliche Den-

50 ken des Wissenschaftlers mit dem phantasiereichen Fabulieren des Schriftstellers. Er stirbt in Gotha im Jahre 1910, fünf Jahre nach dem 20 Jahre älteren Jules Verne. Heute halten die deutschen Science-fiction-Autoren sein Andenken hoch und verleihen jährlich den Kurd-Laßwitz-Preis in mehreren Sparten. Allerdings fehlt leider dafür das Preisgeld.

Ich habe das alte Buch jetzt mit großem Vergnügen zum zweiten Mal gelesen. Von der Lektüre angeregt, fuhr ich kürzlich in die Stadt seines Schaffens. Ein junger Kollege zeigte mir anhand des Romans die Stellen in Gotha, an denen Laßwitz in seinem Friedau die Handlung spielen läßt. Ich besuchte das Ernestinum, das Gymnasium, an dem er 32 Jahre unterrichtet hat. Ich habe die beiden Sternwarten in Gotha gesehen, die dem Romanautor als Vorbild dienten. Ich habe in der Forschungsbibliothek im herzoglichen

Eine vor dem Ersten Weltkrieg erschienene Volksausgabe des Laßwitzschen Romans, die beide Bände in einem vereinigt.

Die 1998 bei Heyne erschienene und ausführlich kommentierte Ausgabe, 100 Jahre nach der Erstausgabe.

Schloß handgeschriebene Manuskriptseiten seines Romans **51**
in Händen gehalten. Dabei erfuhr ich auch, daß zu seinem
150. Geburtstag im Jahre 1998 beim Heyne-Verlag in Mün-

chen eine ungekürzte und
ausführlich kommentierte
Ausgabe des Romans er-
schienen ist. Der Besuch
in Gotha hat mir den von
mir seit mehr als einem
halben Jahrhundert ver-
ehrten Autor noch näher
gebracht.

... und ich habe Blu-
men auf sein Grab gelegt.

*Der heutige Kurd-Laßwitz-Weg im Park
von Schloß Friedensstein in Gotha.*

Amor und der Abstand zur Sonne

Heute fand ich in meinem Briefkasten einen Reklamezettel: PC, 64 Megabyte RAM und 6.4 Gigabyte Festplatte. Preis DM 1399,00. Fast geschenkt, wenn ich an den elektronischen Rechner denke, an dem ich vor 45 Jahren meine ersten Programmierversuche machte. Das war in Göttingen, wo in der Abteilung für Astrophysik des Max-Planck-Instituts für Physik die G1 stand, eine der ersten elektronischen Rechenmaschinen, vom Computerpionier Heinz Billing im Hause gebaut, denn damals konnte man sich seinen Computer nicht einfach von der Stange kaufen. Billing war der Erfinder des Magnettrommelspeichers, dem Vorgänger der modernen Festplatte.

Die G1 bestand aus mehreren mit Schaltkreisen bestückten, frei stehenden Gestellen voller Röhren und mechanischer Relais. Während des Rechnens öffneten und schlossen sich diese mit klapperndem Geräusch. Auf der dünnen magnetischen Schicht der Trommel hatten insgesamt 26 zehnstellige Zahlen Platz. Die Datenausgabe erfolgte wahlweise mit einem Lochstreifenstanzgerät oder mit einer elektrischen Schreibmaschine. Pro Addition oder Multiplikation benötigte die Maschine im Durchschnitt zwei Sekunden. Damals rechneten die Mitarbeiter des Instituts die komplizierten Bahnen geladener Teilchen, die, aus dem Weltall kommend, sich im Magnetfeld der Erde verirrt hatten. Nächtelang klapperten die Relais, hackte die Schreibmaschine Zahlen aus und stanzte der Locher meterlange Lochstreifen.

54   Dann, im Jahre 1954, kam Billings G2. Viel komfortabler: Lautlose elektronische Schalter anstelle der Relais; die Magnettrommel trug 1728 Speicherzellen, von denen jede entweder eine Zahl oder zwei Programmbefehle aufnehmen konnte. Aber immer noch steuerten Röhren den Ablauf der Rechnungen, immer noch gingen Eingabe und Ausgabe über Lochstreifen und über einen Telexschreiber. Die Maschine konnte 20 Rechenoperationen in der Sekunde ausführen. Zum Vergleich: Mein heute mehr als vier Jahre alter PC schafft 21 000 Rechenoperationen in der Sekunde. Elektronische Rechenmaschinen wurden bis

November 1951: Hoher Staatsbesuch bei der G1, dem ersten Computer in der Max-Planck-Gesellschaft (MPG). Von links nach rechts: Bundespräsident Theodor Heuss mit der obligatorischen Zigarre, Ludwig Biermann, Otto Benecke (damaliger Generalsekretär der MPG), Otto Hahn (damaliger Präsident der MPG) und Werner Heisenberg.

dahin in der Astronomie noch nicht eingesetzt. Waren sie überhaupt dafür geeignet? Für die G2 kam die Stunde der Wahrheit im Jahre 1955.

Die Weiten des Raumes, die das Licht durchläuft, ehe es in unsere Meßgeräte fällt, sind schwer zu bestimmen. Wie stark strahlte die letzte Supernova, die allgemeines Aufsehen erregte? Wie alt ist das Weltall? Die Antworten darauf hängen von den kosmischen Entfernungen ab. Das Urmeter der Astronomen ist die Entfernung Erde-Sonne. Mit ihm bestimmt er die Entfernungen zu den nächsten Sternen, von denen aus er sich an größere Distanzen wagen kann, zu Sternhaufen, Galaxien und Galaxienhaufen. Die Eichung des astronomischen Urmeters ist nicht leicht. In der zweiten

Hälfte des 18. Jahrhundert schlug der Berliner Astronom
Johann Gottfried Galle vor, nahe an der Erde vorbeigehende
Kleinplaneten anzupeilen und ihre Entfernung zu messen.
Ihre Bewegungen und ihr Abstand von der Erde verraten
uns ihre und gleichzeitig auch unsere Entfernung von der
Sonne. Zwei kleine Planeten bieten sich dafür an: Eros und
Amor. Der Astronom kann sich also bei der Bestimmung
der Entfernung Erde–Sonne sowohl auf die erotische wie
auch auf die amouröse Methode stützen. Im März 1956
sollte Amor wieder einmal der Erde besonders nahe kom-
men. Dazu mußten die Beobachter wissen, wo genau am
Himmel der kleine Planet zu finden sein wird.

Seit Jahrhunderten hatten die Astronomen Verfahren zur
Berechnung der Bewegung eines Himmelskörpers entwickelt, die er unter dem Einfluß des Schwerefeldes der
Sonne und der großen Planeten ausführt. Mit der Entwicklung von mechanischen und elektrischen Tischrechenmaschinen konnten die Verfahren diesen neuen Hilfsmitteln
angepaßt werden. Die Mitarbeiter des Astronomischen Re-
cheninstituts, das damals in Berlin-Babelsberg angesiedelt
war (heute ist es in Heidelberg), hatten viel Erfahrung in der
Berechnung von Planetenephemeriden. Ein Jahr vor der
Annäherung von Amor an die Erde schritt man ans Werk.
Doch damals arbeitete in Göttingen bereits die G2, und so
bot es sich an, auch die Astrophysiker des dortigen Max-
Planck-Instituts einzuladen, die Bahn des Amor zu berechnen. Da würde man sehen, was die neuen Maschinen, von
denen so viel die Rede war, wirklich zu leisten vermochten.
Die Astrophysiker Peter Stumpff und Stefan Temesvary in
Göttingen sowie der Physiker Arnulf Schlüter und der Mathematiker Konrad Jörgens hatten damals noch keine Erfahrung mit himmelsmechanischen Rechnungen. Doch sie
standen vor einer wohlbekannten mathematischen Aufgabe,
der Lösung eines Systems von gewöhnlichen Differential-
gleichungen. Was man dazu tun muß, das steht in den Lehr-

56 büchern, und wenn es nicht so sehr auf Arbeitszeit ankommt – die Arbeit macht schließlich eine Maschine –, dann muß man nicht die bisher für Tischrechenmaschinen entwickelten Methoden verwenden, sondern kann die Gleichungen nach anderen, wohlbekannten Rezepten lösen. Doch das Ergebnis der Göttinger unterschied sich deutlich von den in Babelsberg nach den klassischen Verfahren berechneten Ephemeriden. So schrieb der Direktor des Babelsberger Instituts in seinem Jahresbericht für das Jahr 1955, daß Dr. K. in Babelsberg die Berechnungen ausgeführt habe, daß aber auch die in Göttingen ausgeführten Maschinenrechnungen nicht ganz überflüssig gewesen seien. »Infolge Schwierigkeiten bei der Einrichtung der Maschine waren in der Göttinger Ausführung Vernachlässigungen in den Positionen der störenden Planeten aufgetreten, welche die Arbeit dieser Maschine nur für eine, wenn auch sehr willkommene, weitgehende Kontrolle der Resultate Dr. K's verwenden ließen«, schrieb er gönnerhaft. Das war alles andere als die Empfehlung, in Zukunft solche Rechnungen einem Computer zu überlassen.

Und dann kam Amor. Wo aber stand er am Himmel? Dort, wo ihm die Babelsberger Rechnungen seinen Platz zugewiesen hatten? Nein, er stand genau dort, wohin ihn die G2 plaziert hatte! Im Jahr darauf konnte man im Jahresbericht des Babelsberger Instituts lesen: »Soweit ein Urteil schon jetzt möglich ist, ist bei Rechnungen der höchsten Genauigkeit die Maschine der Handrechnung überlegen.«

Heute ist das eine Binsenweisheit, aber auch Binsenweisheiten setzen sich eben nicht immer leicht durch.

Als die Flachbettscanner noch Menschen waren

Es ist immer das gleiche. Wenn ich mich schon einmal aufgerafft habe, in den Stapeln alter Sonderdrucke und Bilder in meinem Arbeitszimmer Ordnung zu schaffen, stoße ich nach kurzer Zeit auf irgend etwas Interessantes, das mich vergessen läßt, was ich eigentlich vorhatte. Heute fiel mir ein Bild in die Hände. Es ist wahrscheinlich eine der ersten Computergrafiken, die je angefertigt wurden.

Die Geschichte geht zurück in die fünfziger Jahre und spielt am früheren Max-Planck-Institut für Physik in Göttingen, dem damals der Physik-Nobelpreisträger Werner Heisenberg vorstand. Ludwig Biermann leitete die Abteilung Astrophysik. Es war sein Verdienst, daß am Institut eigenständig elektronische Rechenmaschinen gebaut wurden, großartige, aber aus heutiger Sicht steinzeitliche Geräte, über die ich schon in der vorangegangenen Geschichte geschrieben habe.

Im März des Jahres 1957 vollendete Biermann sein 50. Lebensjahr, und die Mitarbeiter überlegten schon Wochen vorher, wie sie ihm an diesem Tag eine Freude machen könnten. Da kam jemand auf die Idee, die G2, den damals neuen Institutscomputer, ein Portrait des Jubilars drucken zu lassen. Heute wäre das kein Problem: Man nimmt ein Foto, scannt es ein und läßt es ausdrucken. Das kann jeder, der einen Flachbettscanner und einen Drucker an seinen PC angeschlossen hat. Doch damals gab es weder Scanner, noch wa

58 ren Drucker auf dem Markt. Die G2 hatte aber als Ausgabegerät einen für den damaligen Telex-Verkehr gebauten Lorenz-Fernschreiber, der Schriftzeichen druckte. Auch Ziffern und Interpunktion konnte er auf das Papier setzen – mehr aber nicht. An Graustufen oder gar Farben war nicht zu denken. Doch zwei junge Doktoranden, Friedrich Meyer und Hermann-Ulrich Schmidt, die später noch wichtige Beiträge zur Astrophysik liefern sollten, wußten sich zu helfen.

Die verschiedenen Zeichen, über die der Drucker verfügte, benötigten verschieden viel Druckerschwärze. Ein Feld von Leerzeichen war weiß. Eines, das nur Punkte oder Kommas enthielt, erschien hellgrau, wenn man den Ausdruck aus der

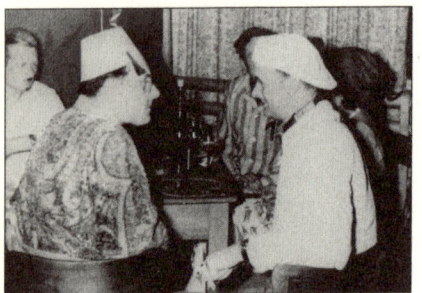

Ferne betrachtete. Felder mit Ziffern oder Buchstaben wirkten noch etwas dunkler. Der Drucker

Wissenschaftler bei einem Institutsfasching (links Ludwig Biermann, rechts der Physiker Karl Wirtz, 1919–1994).

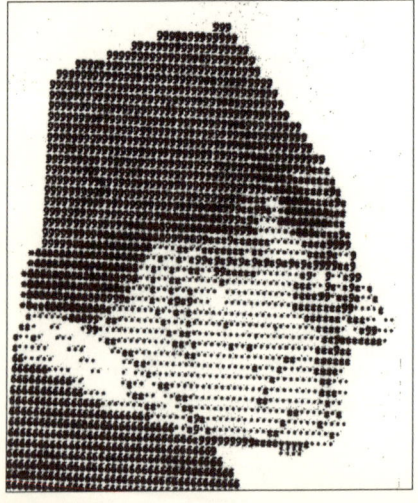

Die Computergrafik

konnte auch zwei Zeichen auf dasselbe Feld drucken. Die 8 auf die 9 geklopft ergab nahezu Schwarz. Damit war das Problem der Ausgabe von Graustufen einigermaßen gelöst. Nun die Eingabe: Dazu hatten die beiden Doktoranden ein Foto des Chefs, ein Schwarz-Weiß-Bild von einem Faschingsfest des Instituts. Da war Biermann im Profil zu sehen, mit einem türkischen Fez. Doch wie das Bild in den Computer bringen? Auch da wußten Meyer und Schmidt sich zu helfen. Sie fertigten ein Dia des Bildes an und projizierten es auf eine weiße Wand, auf die viele kleine Quadrate gezeichnet waren. Der eine der beiden angehenden Wissenschaftler spielte die Rolle des Scanners. Zeilenweise ging er die Quadrate durch und schätzte für jedes Feld die mittlere Helligkeit des projizierten Bildes in diesem Viereck. Der andere wandelte die Helligkeit in Zeichen um, die entsprechende Graustufen darstellten. Die Zeichen wurden in einen Lochstreifen gestanzt – und fast wäre alles in Ordnung gewesen. Doch die Abstände der gedruckten Zeilen waren größer als die Abstände der Zeichen in einer Zeile. Das gedruckte Bild war verzerrt. Dem konnte abgeholfen werden, indem die Projektionswand schräg gestellt wurde, so daß das Bild auf ihr horizontal gedehnt erschien. Das kompensierte die ungleichen Abstände zwischen den Zeilen und zwischen den Buchstaben beim Druck. Das gab zwar neue Probleme, doch auch die konnten von den beiden gelöst werden.

Am Morgen seines Geburtstages wurde Ludwig Biermann gebeten, sich vor die G2 zu setzen und einen bestimmten Knopf zu drücken. Daraufhin tastete das Lesegerät den vorbereiteten Lochstreifen ab, während Biermann am Fernschreiber zeilenweise sein Bild entstehen sah.

Ludwig Biermann (1907–1986)

60   Ich glaube, das war die richtige Ehrung für einen der großen deutschen Astronomen der damaligen Zeit. Seinen Namen habe ich zum ersten Mal als Schüler gehört. Das war
zwei Jahre vor meinem Abitur. Ich hatte damals das Glück,
während der Sommerferien an der Sternwarte in Sonneberg
in Thüringen als Hilfskraft arbeiten zu dürfen. Einmal un-
terhielt ich mich mit einem jungen belgischen Astronomen,
den der Krieg dorthin verschlagen hatte, über ein
astronomisches Problem, über welches, das habe ich vergessen. Dabei sagte der Belgier – und das habe ich nicht vergessen –: »Das hat schon Biermann im Kolloquium in Babelsberg vermutet.« Offensichtlich war der Mann dieses
Namens für ihn eine absolute Autorität. Ich konnte nicht
ahnen, daß ich 32 Jahre später Biermanns Amtsnachfolger in
der Max-Planck-Gesellschaft werden sollte. Ludwig Biermann war einer der ersten, die Methoden der Plasmaphysik
auf astronomische Objekte anwandten. Er erkannte zum
Beispiel, daß die im Vergleich zur Umgebung niedrigeren
Temperaturen in den Sonnenflecken auf die starken Magnetfelder im Fleck zurückzuführen sind. Biermann entdeckte
schon vor der Raumfahrt, daß die Sonne einen ständigen
Teilchenstrom in den Raum bläst. Diese Strömung richtet
die von Kometen ausströmenden Gase aus wie Fahnen im
Wind, so daß die Kometenschweife, unabhängig von der
Flugrichtung des Kometen, stets in die von der Sonne abge-
wandte Richtung weisen. Erst Jahre später konnte Biermanns »Sonnenwind« durch Raumsonden nachgewiesen
werden. Die heutigen Max-Planck-Institute für Plasmaphysik und für Extraterrestrische Physik sind aus den Überlegungen Biermanns und seiner Mitarbeiter hervorgegangen.

     Das Merkwürdige ist, daß Ludwig Biermann, der in
Deutschland die Computer in die Astronomie eingeführt
hat, niemals selbst an einem Computer gearbeitet hat. Für
seine Überlegungen kam er mit Notizen von nur wenigen
Zeilen aus, die auf der Rückseite eines Briefumschlags Platz

gehabt hätten. Dafür war kein Computer nötig. Es reichte ihm, die Logarithmen der natürlichen Zahlen bis zehn im Kopf zu haben. Seine groben Rechnungen, es waren eigentlich nur Abschätzungen, genügten, um zu überschlagen, welche Einflüsse bei einem physikalischen Vorgang wichtig sind und welche man vernachlässigen kann. Dann konnte er seinen Mitarbeitern sagen, wie sie ihre Computerprogramme anzulegen hatten. So hat er sich auch nie mit der Suche nach Programmierfehlern herumquälen müssen.

Ludwig Biermann hat wohl nie einen Computer auch nur angerührt. Nur an jenem Geburtstagsmorgen ließen wir ihn auf einen Knopf drücken.

… und das machte er perfekt.

2. Kapitel

Finstere Geschichten

Der heilige Benedikt und die Sonnenfinsternis

Wer von Regensburg kommend die Donau aufwärts fährt, stößt südwestlich von Kelheim auf das Benediktinerkloster Weltenburg. Die Kirche wurde von den Brüdern Cosmas Damian (1686–1739) und Egid Quirin Asam (1692–1750) errichtet, ein Meisterwerk an der Grenze von malerischem Spätbarock und Rokoko. Als ich vor Jahren die Kirche zum ersten Mal betrat, fesselte mich sofort das Altarbild an der linken Seitenwand: Der heilige Benedikt blickt ergriffen zum Himmel. Dort steht zwischen Wolken und Engeln eine schwarze Scheibe, umgeben von einem hellen Lichtkranz. Das hatte ich schon einmal gesehen, Jahre zuvor bei einer totalen Sonnenfinsternis in Italien. Die schwarze Scheibe des Mondes verdeckte damals minutenlang die Sonne, darum herum die matt leuchtende Korona, wie im Altarbild – nur die Engel hatten gefehlt. Kein Zweifel, der Künstler war Zeuge einer totalen Sonnenfinsternis gewesen!

Ich wandte mich an den Kunsthistoriker, der uns durch die Kirche führte, vergeblich. Man wisse doch, der heilige Benedikt sei auf einen hohen Turm gestiegen. Dort hätte er in tiefster Entzückung eine Erscheinung gehabt. Mit einer Sonnenfinsternis habe das nichts zu tun, Punkt aus Amen. Es gelang mir nicht, ihm begreiflich zu machen, daß mir in diesem Zusammenhang der Heilige gleichgültig war, daß ich aber ziemlich sicher war, daß der Künstler für sein Bild eine totale Sonnenfinsternis vor Augen hatte.

66   Hatte einer der Asambrüder eine totale Sonnenfinsternis gesehen? Wann und wo? Ich schlug im *Canon der Finsternisse* nach. Das Werk hat der Wiener Astronom Theodor von Oppolzer, von dem in der nächsten Geschichte noch mehr die Rede sein wird, mit mehreren Mitarbeitern zusammengestellt und im Jahre 1887 veröffentlicht. Es enthält Einzelheiten über 8000 Sonnen- und 5200 Mondfinsternisse von 1207 vor bis 2161 nach Christus. Nur die Finsternis vom 12. Mai 1706 kam in Betracht. Damals war Cosmas Damian 20, sein Bruder 14 Jahre alt. Die Karte im Oppolzer zeigt allerdings, daß die Finsternis nur nördlich von Würzburg total war, nur dort hätte einer der Asambrüder das Schauspiel erleben können.

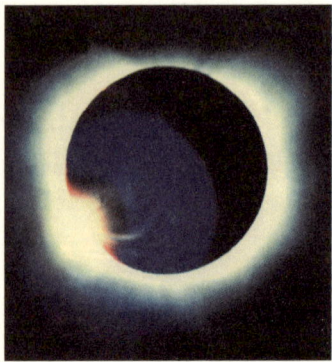

Totale Sonnenfinsternis. Kurz bevor der Mond sie vollständig bedeckt, kommt das letzte Licht vom linken unteren Rand der Sonnenscheibe.

Das war die Situation, als ich im Jahre 1987 mein Buch *Unheimliche Welten* herausbrachte. Ich äußerte darin meine Vermutung: Einer der beiden Brüder muß die totale Finsternis von 1706 gesehen haben. Doch ist einer von ihnen am 12. Mai 1706 in Norddeutschland gewesen? Ich fand keinen Hinweis darauf.

Später begann ich, angesichts der immer näher rückenden tota-

Altarbild des Benediktus-Altars in der Klosterkirche zu Weltenburg.

len Sonnenfinsternis von 1999, Material über vergangene
Sonnenfinsternisse zu sammeln. Dabei stieß ich im Internet
auf eine Dokumentation über *Sonnenfinsternisse im deutschsprachigen Raum* und fand zu meiner Überraschung, daß
der Mondschatten 1706 nicht über *Nord-*, sondern über
*Süd*deutschland gezogen ist. Die Karte im Oppolzer war
falsch, auch in Bayern schob sich damals die Mondscheibe
vor die Sonne.

Standen 1706 auch die Asambrüder in der staunenden
Menge? Am 11. August 1999 wird Europa wieder eine totale
Sonnenfinsternis erleben. Augenzeugen sollten danach die
Klosterkirche von Weltenburg besuchen und sich ihre ei-
gene Meinung bilden.

Hermann Mucke, der Leiter des Astronomischen Büros in Wien,
machte mich darauf aufmerksam, daß Oppolzer sehr wohl den Totalitätsstreifen richtig berechnet hat, daß aber in seinen Karten der
Streifen aus drucktechnischen Gründen verschoben ist. In einer im
Zusammenhang mit der Finsternis vom 11. August 1999 erschienenen Broschüre wies Karl-August Keil auf zwei weitere bayerische
Kirchenbilder hin, die von der Finsternis von 1706 angeregt worden sind. Die Kirche Maria Beinberg bei Schrobenhausen zeigt
eine Kreuzigung mit schwarzer Sonne, im Kloster Oberschönfeld
bei Augsburg erscheint dem Hl. Benedikt eine schwarze Scheibe
am Himmel wie in Weltenburg.

Hüter der Finsternisse

Maracaibo, Venezuela, 25. Februar 1998: Am Abend bereite ich die Teilnehmer einer Reisegruppe der Zeitschrift *bild der wissenschaft* auf die zu erwartende totale Sonnenfinsternis vor und projiziere das Dia einer Karte mit dem Streifen der Totalität, der sich morgen vom Pazifik über den nördlichsten Teil Südamerikas ziehen soll, genau über den Ort hinweg, an dem wir im Augenblick unser Abendessen erwarten. Die Karte, die uns den Streifen zeigt, ist 121 Jahre alt. In diesem Augenblick höre ich aus dem Schweigen der Zuhörer ihr Staunen heraus.

Die Gesetze, nach denen sich Erde und Mond bewegen, sind seit Jahrhunderten bekannt. Die Methoden, nach denen man daraus Finsternisse berechnet, sind von den Astronomen in der Vergangenheit laufend verbessert worden. Im Jahre 1887 erschien in Wien das Werk *Canon der Finsternisse* des in Österreich arbeitenden Astronomen Theodor Oppolzer. Der Gelehrte hatte ursprünglich Medizin studiert, sein Interesse galt aber von Anfang an der Astronomie. Nach Abschluß seines Studiums wandte er sich ganz der Erdmessung und der Astronomie zu. In der vorigen Geschichte habe ich bereits Oppol-

Theodor Ritter von Oppolzer (1841–1886)

70 zers Hauptwerk, den *Canon der Finsternisse*, erwähnt. Oppolzer beschäftigte ein Team von Mitarbeitern, die errechne-
ten, wann und wo eine Finsternis stattfand oder in Zukunft
stattfinden wird. Dabei konnten sich leicht Rechenfehler
einschleichen. Deshalb setzte Oppolzer jeweils zwei Gruppen von Rechnern auf dieselbe Finsternis an. Nur wenn
beide unabhängig voneinander zum gleichen Ergebnis gekommen waren, wurde es in den Katalog aufgenommen.
Der Meister selbst hat die Herausgabe des Bandes nicht
mehr erlebt, nur die Druckfahnen bekam er noch zu Gesicht.

Hermann Mucke

Jean Meeus

Fred Espenak

Wolfgang Strickling

Oppolzers *Canon* erschien vor mehr als 120 Jahren. Inzwischen können die Astronomen die Bewegung des Mondes besser voraussagen, denn es gibt jetzt Computer, denen man die komplizierten und sich ständig wiederholenden Rechenschritte überlassen kann. Wien hat ein ganz besonderes Verhältnis zu Finsternissen, denn im Jahre 1979 erschien dort ein *Canon of Lunar Eclipses* für die Mondfinsternisse, vier Jahre später ein *Canon of Solar Eclipses* für die Sonnenfinsternisse. Hermann Mucke, der Leiter des Planetariums der Stadt Wien, hat zusammen mit dem belgischen Astronomen Jean Meeus nicht nur Oppolzers Werk wiederholt, sondern auch um zwölf Jahrhunderte ausgeweitet. Muckes großes Verdienst ist es, im Zeitalter der Quasare, Schwarzen Löcher und Röntgensterne die klassische Astronomie einem weiten Kreis von Laien nahezubringen. Das ist ungleich schwerer, als über astronomische Themen zu referieren, bei denen man die letzten vom Hubble-Weltraumteleskop gewonnenen Farbbilder projizieren kann oder die Photos vom Spielzeugauto in der Marslandschaft.

Die beiden Kataloge von Meeus und Mucke sind in der 2. und 3. Auflage vom Astronomischen Büro, Hasenwartgasse 32, A-1238 Wien, zu beziehen. Zum Canon der Sonnenfinsternisse gibt es eine Diskette mit zwei von Karl Silber von der Eisner-Sternwarte in Gmunden geschriebenen Programmen (CANON und SOFIME), die unter dem Betriebssystem DOS laufen und mit denen man den Ablauf einzelner Sonnenfinsternisse genauer studieren kann.

Die Genauigkeit eines Finsternisprogramms hängt übrigens nicht allein von der Kenntnis der Mondbewegung ab. Die größten Unsicherheiten rühren – und das mag manchen überraschen – von der unregelmäßigen Erddrehung her. Einerseits wird die Erde durch die vom Mond hervorgerufenen Gezeiten gebremst, zum anderen machen sich Massenbewegungen in ihrem Inneren wie auch die Strömungen von Luft- und Wassermassen bemerkbar. Wenn man weiß, daß

72 der Schatten des Mondes auf die Erde fällt, dann muß man auch wissen, welchen Kontinent die Erde in diesem Augenblick in den Schatten dreht.

Die Unregelmäßigkeiten der Erddrehung lassen sich bis zurück ins 17. Jahrhundert recht gut aus astronomischen Beobachtungen rekonstruieren. Für die Zeit davor verraten uns nur historische Berichte über Sonnenfinsternisse etwas darüber.

Es gibt inzwischen mehrere Finsternisprogramme für den PC. Wollen Sie wissen, ob Ihr Programm auch für frühere Jahrtausende richtig arbeitet? Dann machen Sie den *Babylon-Test*. Die Keilschrift eines Tontäfelchens aus Babylon berichtet von einer totalen Sonnenfinsternis am 15. April des Jahres 136 v. Chr. in oder in der Nähe von Babylon. Zeigt Ihr Programm für Babylon (32°37' nördlicher Breite, 44°33' östlicher Länge) auch wirklich eine totale oder nahezu totale Finsternis an?

Die NASA betreut jede irgendwo in der Welt stattfindende totale Sonnenfinsternis. Dafür ist der Astronom Fred Espenak zuständig. Er gibt zu jeder totalen Sonnenfinsternis ein Buch mit Details des Ereignisses heraus. Karten zeigen den Totalitätsstreifen, Diagramme die Wetteraussichten längs des Streifens, gewonnen aus langjährigen Wetterbeobachtungen. Besuchen Sie ihn doch einmal im Internet. Lassen Sie sich von einem Suchprogramm alles zeigen, was es unter dem Namen »Espenak« gibt.

Ich kenne aber noch einen weiteren Hüter der Finsternisse. Wolfgang Strickling aus Haltern, nördlich von Recklinghausen, hat vor einigen Jahren das unter Windows laufende Programm ASTROWIN geschrieben, das in seiner neuesten Version auch den Babylon-Test besteht. Es steht jedem gratis zur Verfügung und ist im Internet abzurufen. Suchen Sie dort nach »Strickling«.

Der promovierte Zahnarzt Strickling ist nebenbei auch Hobby-Astronom. Das finde ich gut. Haben Sie schon ein-

mal etwas von einem Astronomen gehört, der nebenbei
auch Hobby-Zahnarzt ist? Ich nicht.
… und auch das finde ich gut.

Auf nach Isfahan?

In wenigen Wochen wird das Neue Jahr beginnen. Haben Sie schon Ihren Urlaub 1999 geplant? Haben Sie sich überlegt, wo Sie am 11. August sein werden, am Tag der Jahrhundertfinsternis? Wo werden Sie stehen, wenn der schwarze Schatten des Mondes quer durch Frankreich und Süddeutschland rasen wird? Werden Sie ihn in Österreich erwarten oder in Ungarn? Sie können die Finsternis auch weiter im Osten beobachten, in der Türkei oder im Iran.

Die letzte totale Sonnenfinsternis im deutschsprachigen Raum war am Freitag, dem 19. August 1887. Der Totalitätsstreifen lief von Leipzig ostwärts nach Polen und Rußland. Der Himmel war aber in Deutschland nahezu überall bedeckt. Bei der letzten totalen Sonnenfinsternis in Österreich lag im Jahre 1842 Wien inmitten des Streifens, von dem aus gesehen die Sonne für wenige Minuten hinter der schwarzen Mondscheibe verschwand. Die nächste von Deutschland aus beobachtbare totale Sonnenfinsternis wird erst am 7. Oktober des Jahres 2135 sein, wenn man von einer im Jahre 2081 von Frankreich über die Schweiz nach Österreich ziehenden Finsternis absieht, deren Totalitätsstreifen das deutsche Ufer des Bodensees streifen wird. Der Südosten Österreichs muß nur bis zum 13. Juli 2075 warten. Wo und wann man auch eine totale Sonnenfinsternis erleben will, man muß auf gutes Wetter hoffen.

Ich habe mir im August 1998 für die Stunde, zu der wir in Mitteleuropa im darauffolgenden Jahr das große Ereignis

76 erwarten, aus dem Internet die Wetterkarte von Meteosat geholt. Längs des Totalitätsstreifens von der Südwestspitze Englands bis zum Schwarzen Meer eitel Sonnenschein! Nur im Ärmelkanal standen ein paar Wolkenfetzen am Himmel.

Die NASA gibt für jede Sonnenfinsternis und für jeden Ort längs des jeweiligen Totalitätsstreifens an, wie hoch die Wahrscheinlichkeit ist, daß keine Wolken im richtigen Zeitpunkt die verfinsterte Sonne bedecken.

Die Aussicht, die Finsternis ohne Behinderung durch Wolken beobachten zu können, steigt nach Osten hin. Am Atlantik sind es weniger als 40% Erfolgswahrscheinlichkeit, in München und Salzburg sind es schon 50%. Wer ganz sicher gehen will, der reise in den Iran. Isfahan, berühmt durch seine Teppiche, bietet mit 95% nahezu absolute Sicherheit.

Die Wahrscheinlichkeiten der NASA sind aus langjährigen Wetterbeobachtungen gewonnen. Doch wer am Tag der Finsternis zum Himmel schaut, der hat nicht das langjährige Mittel vor Augen, sondern den Himmel des Tages.

Können wir noch mehr über das Wetter erfahren? Kennen Sie die Bauernregel: »Regnet es am Siebenschläfertag, es noch sieben Wochen regnen mag«? Der Siebenschläfertag ist der 27. Juni. Sieben Wochen danach haben wir den 15. August. Die totale Sonnenfinsternis liegt also in der letzten der sieben Wochen. Erfahren wir vielleicht am 27. Juni 1999 etwas über das Wetter bei der Finsternis im August? Doch wer glaubt schon an Bauernregeln?

Man sollte sie nicht so leicht beiseite schieben. Manche sind zwar schlicht falsch, andere aber enthalten auch ein Körnchen Wahrheit. Ich ging der Siebenschläferregel nach und stieß auf ein Büchlein von Horst Malberg*, Meteorologe und Professor an der Freien Universität Berlin.

---

* Horst Malberg, *Bauernregeln. Ihre Bedeutung aus meteorologischer Sicht*, Berlin/Heidelberg 1989.

Die Siebenschläferregel ist alt. Irgendwann im Mittelalter muß sie entstanden sein. Doch im Jahre 1582 hat Papst Gregor XIII. den aus den Fugen geratenen Kalender reformiert und den Gregorianischen Kalender eingeführt. Da die Jahreslänge etwas mehr als 365 Tage beträgt, waren Jahreszeiten und Kalender aus dem Takt gekommen. Die Fehler hatten sich so weit aufsummiert, daß man sich ausrechnen konnte, wann das an den Frühlingsbeginn gebundene Osterfest in den Januar geraten würde. Um Kalender und Jahreszeiten wieder unter einen Hut zu bringen, wurden bei der Kalenderreform zehn Tage übersprungen. Auf den 4. Oktober 1582 ließ man unmittelbar den 15. Oktober folgen. Seither sorgen unsere Schalttage dafür, daß die Jahreszeiten und der Kalender ohne systematische Verschiebung nebeneinander herlaufen. Doch die Siebenschläferregel war aus Beobachtungen des Wetters in der Zeit vor der Kalenderreform entstanden. Aus dem 27. Juni war bei der Reform der 7. Juli geworden.

Doch ob 27. Juni oder 7. Juli – soll man überhaupt solch eine Regel ernst nehmen? Ja, ein bißchen. Das Wetter bei uns wird vom Wechselspiel der polaren Kaltluft und der warmen Luft aus den Tropen bestimmt. Dort, wo sich die beiden Luftmassen gegenüberstehen, bläst in 5 bis 10 Kilometern Höhe der sogenannte Jetstrom mit bis zu 500 Stundenkilometern von West nach Ost. Er treibt die aus dem Atlantik kommenden Tiefdruckgebiete mit ihren Regenzonen vor sich her. Bläst der Jetstrom die Schlechtwetterzonen über Nord- und Ostsee, wird Mitteleuropa immer wieder von Tiefausläufern überquert. Wolken und Regen bestimmen dann unser Wetter. Verläuft der Jetstrom aber in nördlicheren Breiten, dann liegen auch die Zugbahnen der Tiefdruckgebiete weiter nördlich, und in Mitteleuropa bestimmt das Azorenhoch das Wetter. Welche geographische Breite sich der Jetstrom für den kommenden Sommer auswählt, hat sich meist zur Siebenschläferzeit entschieden, und in dieser Breite bleibt der Jetstrom dann meist für längere Zeit. Das ist die wissenschaftliche Begründung der alten Siebenschläferregel. Genauere Untersuchungen haben sogar gezeigt, daß nach dem heutigen Kalender der 7. Juli eine etwas größere Wahrscheinlichkeit hat, das Wetter für die nächsten Wochen anzuzeigen. Sehr sicher sind die Voraussagen nicht, aber mit einer Trefferwahrscheinlichkeit von etwa 61 % kann man schon rechnen.

Die Siebenschläferregel geht auf eine Legende zurück, wonach sich im Jahre 251 n. Chr. sieben Jünglinge in einer Höhle bei Ephesus versteckten, um einer Christenverfolgung zu entgehen. Sie wurden eingemauert und schliefen fast 200 Jahre. Erst dann sollen sie frisch und munter aufgewacht und gerettet worden sein. Ihnen hat die katholische Kirche den 27. Juni zugeteilt.

Wenn Sie also noch ein kleines bißchen mehr über das Wetter am Tag der Sonnenfinsternis wissen wollen, dann schauen Sie am 27. Juni oder besser noch am 7. Juli zum Fenster hinaus. Was aber, wenn Sie in einen trüben, verregneten Tag blicken? Dann: Auf nach Isfahan! Dort wird aufgrund langjähriger Messungen das Wetter schön sein, und im islamitischen Iran gibt nicht einmal das Wetter etwas auf sieben christliche Jünglinge.

Die Siebenschläfer 1999 waren in den meisten Gegenden Deutschlands verregnet. Ich hätte meinem Rat selbst folgen sollen. Statt dessen stand ich am 11. August 1999 in Stuttgart im Regen.

Nostradamus und die Finsternis

Haben Sie es gelesen? Nostradamus hat die totale Sonnenfinsternis vom 11. August 1999 prophezeit. Die Bild-Zeitung schrieb schon in ihrer Silvesterausgabe 1998 darüber: »Zusätzlich gibt es am 11. August 1999 die erste totale Sonnenfinsternis seit 40 Jahren. Ab 11 Uhr wandert totale Nacht über unser Land. Schon der mittelalterliche Seher Nostradamus (1503–1566) weissagte: Im Jahr 1999 und sieben Monate wird ein großer Schreckenskönig vom Himmel steigen...« Vergessen wir einmal, daß die letzte totale Finsternis in Deutschland nicht vor 40, sondern vor 112 Jahren stattfand, und fragen wir, was Nostradamus über die kommende Finsternis sagt.

Michel de Nostredame wurde am 14. Dezember 1503 in Saint-Rémy in Frankreich geboren. Schon als Medizinstudent soll er während einer Pestepidemie in Montpellier, als die Ärzte vor Ort feige Reißaus nahmen, vier Jahre lang Kranke behandelt haben. Mit 28 Jahren verließ er Montpellier und ging auf Wanderschaft. Im Jahre 1546 kämpfte er in Aix-en-Provence wieder mutig gegen die Pest, worauf ihm die Stadt für seine Verdienste

Michel de Nostredame,
genannt Nostradamus
(1503–1566)

80   eine Pension auf Lebenszeit gewährte. Davon konnte er in Salon mit Frau und Kindern bis an sein Lebensende sorgenlos leben. In dieser Zeit schrieb er die Prophezeiungen, die ihn berühmt gemacht haben. Auch heute noch, mehr als 400 Jahre danach, finde ich mit einem Suchprogramm unter seinem Namen 38550 Eintragungen im Internet. Insgesamt erschienen von ihm an die tausend Prophezeiungen in Form von Vierzeilern, zusammengefaßt in zehn Sammlungen, Centurien genannt*.

Leider gibt er bei nur ganz wenigen Sprüchen einen Hinweis auf das Datum oder zumindest auf das Jahr, auf das sie sich beziehen. Das ergibt eine Fülle von Möglichkeiten, die zahllosen, keineswegs eindeutigen Aussprüche irgendwelchen passenden Ereignissen zuzuordnen. Verschiedene Interpreten haben sich ihr eigenes System der Zuordnung der Verse zu Kalenderdaten zurechtgelegt. So lauten die ersten beiden Zeilen von Vers IV.75 in der deutschen Übersetzung »Noch dicht vor dem letzten Kampf wird man den Abfall herbeiführen. Der feindliche Führer wird den Sieg behaupten...«. Der französische Interpret Max de Fontbrune bezieht das auf Napoleons Niederlage bei Waterloo im Jahre 1814, während der deutsche Nostradamus-Deuter Dr. Centurio in den Zeilen glasklar die deutsche Niederlage im Jahre 1918 erkennt.

Außerdem kann jeder Vierzeiler auch deshalb verschieden interpretiert werden, weil Nostradamus möglicherweise die Texte in den Versen verschlüsselt hat, etwa indem er die natürlichen Worttrennungen aufhob und durch neue ersetzte. Er soll auch gelegentlich Buchstaben willkürlich gegen andere ausgetauscht haben, um seine Weissagung noch rätselhafter zu machen.

* Ich danke Herrn Dr. Volker Guiard, der mich durch das Gewirr der verschiedenen Nostradamus-Interpretationen geführt hat.

Das führt ein Nostradamus-Interpret an einem Beispiel in deutscher Sprache vor: Nehmen wir an, Nostradamus wollte verkünden »Der Hund darf alles«, dann hat er vielleicht in einem ersten Schritt willkürliche Trennungen eingefügt: »D erH und dar fall es«. Dann könnte das D die Abkürzung für einen Artikel, etwa für »die« sein, das »erH« könnte er in »Ehre« verändert haben, statt »dar« hat er »der« geschrieben, und der Meister hätte dann als Verszeile »Die Ehre und der Fall S.« veröffentlicht. Für den Interpreten ist es dann ein weiter und keineswegs eindeutiger Weg zurück zum Hund, der alles darf. Damit steht der Deutung jeder Nostradamus-Zeile ein so weiter Spielraum offen, daß sie als Voraussage für irgendein Ereignis zu irgendeiner Zeit taugt. So sagte Nostradamus angeblich die deutsche Wiedervereinigung voraus, allerdings für das Jahr 1955. Interpreten finden in seinen Vierzeilern die Vorhersage des Untergangs der »Titanic«, und auch den Prozeß gegen den US-Footballstar O. J. Simpson hat er nicht ausgelassen.

Nun zum Vierzeiler, der sich auf das Jahr 1999 bezieht, Vers 72 in der Centurie X. Er zählt zu den wenigen, die ein Datum enthalten. Es gibt zahlreiche Fassungen der Texte des Nostradamus; die mir vorliegende ist in der Abbildung gezeigt. Die Übersetzung lautet:

Das Jahr 1999 im
siebenten Monat,
vom Himmel wird kommen
ein großer König des Terrors:
Den großen König von Angoulmois
wird er zum Leben erwecken.
Vor und nach Mars, um
mit Glück zu regieren.

Hatte der Nostradamus-Vers X.72 etwas mit der totalen Sonnenfinsternis vom August 1999 zu tun?

138   CENTURIE X.

72
L'an mil neuf cens nonante neuf sept mois
Du ciel viendra un grand Roy d'effrayeur
Refusciter le grand Roy d'Angoulmois.
Avant apres Mars regner par bon heur.

82 Irgendwann in diesem Jahrhundert hat ein Nostradamus-Deuter diesen Vers mit der totalen Sonnenfinsternis von 1999 in Verbindung gebracht. Danach schrieb wohl einer vom anderen ab, schließlich wurde Nostradamus' Voraussage auf das Datum der Finsternis gelegt, und manche schreiben, er habe das Ereignis »taggenau« vorhergesagt. Doch was steht bei ihm? Im siebten Monat dieses Jahres kommt ein König des Schreckens, mehr nicht. Kein Wort von einer Finsternis.

Doch die Nostradamus-Interpreten stellten fest: Die ersten vier Zeilen beziehen sich auf die totale Sonnenfinsternis des Jahres 1999 – und sie ist im siebten Monat. Warum aber gab Nostradamus nicht den richtigen Monat an, den August? Das kommt so: Der siebte Monat ist zwar der Juli, doch wurde im Jahre 1582 die gregorianische Kalenderreform durchgeführt, zehn Tage wurden übersprungen. Außerdem wurden seither in den Jahren 1700, 1800 und 1900 keine Schalttage eingefügt. Was nach dem neuen Kalender der 11. August ist, liegt nach dem zu Nostradamus' Zeit gültigen Kalender gerade noch im Juli. Wenn man dem Seher zugesteht, er habe zwar viel, aber nicht die Kalenderreform vorhergeahnt, dann kann man seine vage Zeitangabe mit der Finsternis zusammenbringen. Übrigens versteht niemand die letzten beiden Sätze des Vierzeilers. Vielleicht ist aber auch der Anfang von X.72 gar nicht richtig entschlüsselt. Es geht auch anders: »L« ist das römische Zahlzeichen für 50, »an« steht für »Jahr«, »mil« für »tausend«, »neuf« für »neu«, »cens« soll vielleicht in Wahrheit »gens« heißen, also »Leute«. Ferner heißt »non« »nicht«, »ante« ist das lateinische »vor«, »neuf« ist »neu«, »sept« heißt »sieben«, »mois« sind die »Monate«. Also beginnt der Spruch vielleicht: »50 Jahre, tausend neue Leute nicht vor neuen sieben Monaten ...« Von 1999 ist keine Rede, und was da steht, ist auch nicht viel rätselhafter als die Deutung mit dem Schreckenskönig.

Die vielen Interpreten der Vierzeiler des Nostradamus
haben auch die politische Gegenwart nicht vergessen. So berichtet die SPIEGEL-Journalistin Renate Flottau, daß die
Leser in Belgrad am 30. April 1999 in ihren Zeitungen lesen
konnten, ein Professor in Südafrika habe aus den Versen des
Nostradamus herausgelesen, der Dritte Weltkrieg beginne
irgendwann zwischen dem 22. Juni und 23. Juli. Und für Milosevic steht angeblich auch nichts Gutes in den Centurien:
»Die Serben werden ihren Prinzen wechseln.«
... und da hatte er recht.

Etwa zwei Wochen nach der Finsternis traf die Türkei ein schwe-
res Erdbeben. Astrologen brachten die Katastrophe mit der obigen
Nostradamus-Prophezeiung in Zusammenhang. Aber zum ersten
läßt sich diese Naturkatastrophe beim besten Willen nicht auf den
»siebenten Monat« verschieben. Zum anderen kommen Erdbeben
nicht vom Himmel, sondern aus entgegengesetzter Richtung.
Außerdem ereignen sich die Katastrophen auf der Erde in so kurzen Abständen, daß sich astronomische Ereignisse immer mit einer
von ihnen in Verbindung bringen lassen. Wäre heute, ich schreibe
diese Zeilen Ende Januar 2001, eine Sonnenfinsternis, ich könnte
sie für ein großes Erdbeben in Indien, für die gegenwärtige ex-
treme Winterkälte in Sibirien oder für die BSE-Krise verantwortlich machen.

Rund um die Finsternis

Als ich vor einigen Jahren in Museen und Bibliotheken nach Hinweisen auf die totale Sonnenfinsternis suchte, die am 8. Juli 1842 über Wien hinwegzog, entdeckte ich im Historischen Museum der Stadt, daß der Illustrator und Karikaturist Christian Schöller (1782–1851) das Ereignis gleich zweimal festgehalten hat. Die Bilder zeigen jeweils eine Gruppe von Menschen vor der verdunkelten Sonne. Nur eines der Bilder kann richtig sein, denn nach den rauchenden Schornsteinen zu urteilen, bläst der Wind auf dem einen von Osten, auf dem anderen von Westen.

Ich suchte auch in Zeitungen von damals nach Hinweisen auf das Ereignis, fand aber nicht viel. Schließlich stieß ich auf eine Anzeige in der *Wiener Zeitung*: Der Kapellmeister und Komponist Joseph Lanner gibt am Morgen der Finsternis ein Konzert. Es beginnt bereits um 6 Uhr früh. Da hat die partielle Phase bereits begonnen, die Scheibe des Mondes schiebt sich schon vor die Sonne – und die Musik spielt dazu.

Sonnenfinsternisse scheinen die Musik anzuziehen. Wenn am 11. August der Schatten des Mondes über Süddeutschland und Österreich zum Schwarzen Meer

Eine Anzeige in der Beilage der Wiener Zeitung *vom 7. Juli 1842, dem Tag vor der totalen Sonnenfinsternis.*

Die Sonnenfinsternis 1842 in Wien. Der Rauch der Schornsteine läßt Westwind erkennen.

Oder herrschte doch Ostwind?

zieht, wird überall musiziert werden. Im Saarland beginnt es
schon um Mitternacht. Der spanische Komponist Lorenz
Barber gibt dort ein Konzert für Kirchenglocken. Stuttgart
droht mit einem zwölfstündigen Open-air-Konzert. Ulm
präsentiert eigens für die Sonnenfinsternis komponierte
Musik. Im Salzburger Land kann man Alphorn und mysti-
sche Klänge hören. In der Steiermark führt der niederländi-
sche Pianist Jasper van't Hoff sein eigens dafür komponier-
tes Sonnenfinsternis-Konzert auf. Òpusztaszer, nördlich von
Szeged in Ungarn, hat ein dreitägiges Festival, bei dem auch
»Schamanengesänge« zu hören sind, und in Bukarest wird
Luciano Pavarotti singen. Ich hoffe, daß vereinzelte Pläne,
die drei Minuten der Totalität auch noch mit einem Feuerwerk zu »verschönern«, bis dahin fallen gelassen werden.

Zu den Begleiterscheinungen der Finsternis gehören auch
finstere Prognosen. Da gab es im Juni auf dem Fernsehsen-
der 3sat in der Sendereihe »Querdenker« des bekannten
Fernsehmoderators Franz Alt einen Beitrag über die Finsternis. Ihn interessiert vor allem die Raumsonde CASSINI, die
von der Venus her im August nahe an der Erde vorüberkom-
men wird, mit Plutonium an Bord, um danach ihren Weg in
Richtung Saturn fortzusetzen. Was wird, wenn ein Fehler
die Sonde in der Erdatmosphäre verglühen läßt? Sie werden
fragen: Was hat das CASSINI-Plutonium in einer Sendung
über die Sonnenfinsternis zu suchen? Eine der Kurskorrek-
turen der CASSINI-Mission soll ausgerechnet am Tag der
Sonnenfinsternis durchgeführt werden, wo doch jeder weiß,
daß totale Sonnenfinsternisse nur Unglück bringen.

Die Astrologin Claudia von Schierstedt erklärt das: Jede
Sonnenfinsternis hinterläßt im Tierkreis vier sogenannte
»Echopunkte«, das sind Markierungen, die ihre Wirkung
erst nach Jahren verlieren. Geraten Planeten später an eine
solche Duftmarke, können sie auch dann noch Unheil an-
richten. So haben Merkur und Mars an einem Echopunkt
der Finsternis vom Februar 1998 vier Monate später einen

88   Stahlreifen an einem der Wagen des ICE »Conrad Röntgen«
platzen und den Zug bei Eschede entgleisen lassen – so einfach ist das. Auch die bekannte Astrologin Elisabeth Teissier
findet totale Sonnenfinsternisse schreckenerregend. Sie wird
irgendwo weitab vom Totalitätsstreifen Schutz suchen.

Zwei Naturwissenschaftler, ein Strahlenbiologe der Universität Münster und ein ehemaliger Direktor des Münchner
Max-Planck-Instituts für Physik, warnen vor dem gefährlichen Plutonium, das bei einem Steuerungsfehler in die Erdatmosphäre gelangen könnte. Bis zu 40 Millionen Krebstote
wären möglicherweise zu erwarten. Keiner vergleicht die
33 kg Plutonium der CASSINI-Sonde mit den knapp vier
Tonnen Plutonium, die bei den insgesamt 423 oberirdischen
Kernwaffenversuchen zwischen 1945 und 1980 in die Atmosphäre gelangten. Darunter waren immerhin an die 120
bis 200 kg des Plutonium-Isotops Pu-238, das auch die Batterie von CASSINI treibt. Vom Kernwaffenplutonium sind
aber keine zahlenmäßig nachweisbaren Krebsschäden aus-
gegangen. Auch ich mag das CASSINI-Plutonium nicht, ich
finde nur, man sollte ehrlich argumentieren und nicht pole-
misieren und schon gar nicht Angst schüren.

»Wie kommt es«, fragt der Moderator Frau Teissier »daß
man in jedem Jahr von so vielen astrologischen Voraussagen
des Vorjahres liest, die nicht eingetroffen sind?« »Es gibt zu
viele schlechte Astrologen«, antwortet die Seherin, ihre
Trefferquote aber läge bei 82% – und sie schlägt die Beine,
die schon vor 20 Jahren die Fernsehzuschauer entzückten,
übereinander.

Dem können die beiden Naturwissenschaftler nichts
Adäquates entgegensetzen. Was sie von den Aussagen der
beiden Weissagerinnen halten, will der Moderator wissen.
»Es sind mir da zu viele Parameter drin, aus denen man alles
ablesen kann«, antwortet der Strahlenbiologe, womit er
wohl höflich ausdrückt, daß er nichts davon hält. Der Physiker hätte wenigstens zurückfragen können, ob die Aus-

sagen über die Echopunkte von Finsternissen jemals einer statistischen Fehleranalyse standgehalten haben, so wie er sie selbst als Studienanfänger gelernt hat. Zu meiner Enttäuschung antwortet er aber nur vage: »Es stört mich, daß Fragen dieser Art doch so rational behandelt werden«. Da lacht Madame Teissier, und es ist nicht auszumachen, ob sie ihn an- oder auslacht.

Die Leichtigkeit, mit der die beiden Seherinen die Sonnenfinsternis von 1998 auch noch für den Kosovo-Krieg verantwortlich machen, ermutigt mich, auch selbst einmal eine Vorhersage zu wagen. Ich behaupte: Schon etwa 9 Wochen vor jeder totalen Sonnenfinsternis kommt allerlei Ungemach über uns: 9 Wochen vor der Finsternis vom Februar 1998 mußten in Hongkong alle Hühner als mögliche Überträger des für Menschen gefährlichen H5N1-Virus getötet werden. Und 9 Wochen vor der Finsternis vom 11. August 1999 strahlte 3sat die Fernsehsendung von Franz Alt aus.

3. Kapitel

Geschichten von heute

Barnacle Bill und die Bibel

Was hat die Bibel mit den Steinen des Mars zu tun? Nachdem die amerikanische Planetensonde Mars Pathfinder auf ihren Luftpolstern weich auf der Oberfläche des Roten Planeten gelandet war, entließ sie das etwa 60 Zentimeter große Gefährt *Sojourner,* das aussah wie ein Spielzeugtank und das dann auf der Oberfläche des Roten Planeten eine Strecke von insgesamt 52 Metern zurücklegte, wobei seine Bewegung durch mehr als 100 Signale von der Erde gesteuert wurde. Es zog über den sandigen Marsboden, vorbei an Steinen, die von der Bedienungsmannschaft an den Bildschirmen auf der Erde Namen erhalten hatten, an »Barnacle Bill« und an »Yogi«. Eine der Hauptaufgaben von Sojourner war es, die Steine chemisch zu analysieren.

Die bekannteste Methode, die chemische Zusammensetzung eines Stoffes zu bestimmen, besteht darin, ihn im Reagenzglas mit anderen Stoffen reagieren zu lassen. Bei leuchtenden Gasen, etwa bei Atmosphären der Sterne, gibt das Licht Aufschluß über die Art und Häufigkeit der chemischen Elemente. Was aber ist mit Stoffen, die weder leuchten noch einfach im Reagenzglas untersucht werden können, etwa weil wir ihrer nicht habhaft werden können oder weil sie viel zu wertvoll sind, um Stücke von ihnen abzutrennen und einer Reagenzglas-Analyse zu opfern? Das ist das Feld der chemischen Analysen der dritten Art. Bei der Analyse aus dem Verhalten im Reagenzglas und aus dem Spektrum waren es die Elektronen der Atomhülle, die uns verrieten,

94   aus welchen chemischen Elementen der untersuchte Stoff besteht. Jetzt kommen die Atomkerne zu Wort.

Zu den wertvollsten Büchern gehören die 40 noch erhaltenen Bibeln, die der Erfinder der beweglichen Lettern in der Buchdruckerkunst, Johannes Gutenberg, in Mainz um 1455 in seiner Werkstatt herstellte. Ihre Buchstaben fallen beim Vergleich mit anderen zeitgenössischen Drucken durch ihren Glanz und ihre Haltbarkeit auf. Es bestand die Vermutung, daß die Druckerschwärze in Gutenbergs Werkstatt mit besonders viel Blei und Kupfer enthaltenden Stoffen angerührt wurde. Wie kann man die Druckerschwärze in einer Gutenberg-Bibel untersuchen, ohne das unersetzliche Exemplar zu beschädigen? Als vor etwas mehr als 20 Jahren Richard Schwab von der Universität von Kalifornien in Davis vor dieser Frage stand, benutzte er ein Verfahren, bei dem er die Druckerschwärze dazu brachte, ihre Bestandteile zu verraten, ohne auch nur ein einziges Atom in dem von der Harvard-Universität entliehenen Exemplar bleibend zu verändern.

Das Verfahren heißt PIXE, die Abkürzung für »proton induced X-ray emission«. Schwab benutzte ein *Zyklotron,* einen Teilchenbeschleuniger, der die positiven Atomkerne des Wasserstoffs, die *Protonen,* auf extrem hohe Geschwindigkeiten bringt. Schwabs Protonen flogen mit einigen Prozent der Lichtgeschwindigkeiten in einem Strahl von einem Millimeter Durchmesser auf einzelne Buchstaben

Eine Seite aus der um 1455 in Mainz gedruckten Gutenberg-Bibel (Niedersächsische Staats- und Universitätsbibliothek Göttingen).

einer Bibelseite. Die Atomkerne der Druckerschwärze erhalten von den vorbeifliegenden Protonen Energie, die sie nach einiger Zeit wieder abgeben, indem sie einen Strahlungsblitz im Bereich der Gammastrahlung aussenden. Damit verwandeln sie sich wieder in den vorherigen Zustand. Die Energie des Strahlungsblitzes aber verrät, welche Art von Atomkern ihn ausgesandt hat. So gelang es Schwab, nicht nur den Gehalt an Blei und Kupfer zu bestimmen, er konnte auch feststellen, daß Gutenbergs Gesellen täglich eine neue Mischung ansetzten, die sich von der des Vortages im Verhältnis von Blei zu Kupfer geringfügig unterschied. Er fand heraus, wieviel Seiten in der Werkstatt täglich gedruckt wurden. Der Kalziumgehalt des Papiers verriet ihm, wie die einzelnen Seiten aus einem großen Bogen zurechtgeschnitten wurden. So bekamen Schwab und seine Kollegen einen Überblick über die Arbeitsweise in der Werkstatt des Mannes, dem wir den Buchdruck verdanken.

Mit einem ähnlichen Verfahren untersuchte Sojourner jetzt auf seinem Weg die chemischen Elemente in den Steinen des Mars. Dazu war er mit dem am Max-Planck-Institut für Chemie in Mainz entwickelten Meßgerät APX ausgerüstet. Der Name ist die Abkürzung für Alpha-Proton-Röntgenstrahlung (X für X-rays, dem englischen Wort für Röntgenstrahlung). Von einem zylindrischen Sensorkopf senden neun Proben des künstlichen radioaktiven Elements Curium-244 Alphastrahlung auf die zu untersuchende Probe. Die Teilchen der Alphastrahlung sind Atomkerne des Elements Helium und sind wie alle Atomkerne elektrisch positiv geladen. Gelangt solch ein Teilchen in die Nähe eines Atomkerns der Probe, so wird es durch dessen elektrische Ladung von seiner Bahn mehr oder weniger abgelenkt. Einige der Alphateilchen werden so stark abgelenkt, daß sie wieder zurückfliegen und von einem Empfänger im Sensorkopf registriert werden. Sie geben dann Hinweise auf die Masse der Atomkerne der Probe. Damit lassen sich die

96 Atomkerne der leichteren chemischen Elemente wie Kohlenstoff und Sauerstoff bestimmen. Einige Alphateilchen können aber auch in die Atomkerne der Probe eindringen. Als Folge davon stößt der getroffene Kern ein Proton, also einen Kern des Wasserstoffatoms aus. Die so entstehenden Protonen eignen sich, um mittelschwere Elemente wie Natrium, Magnesium, Aluminium und Silizium zu erkennen. Schließlich können die auf die Marsmaterie auftreffenden Alphateilchen, die innersten Bereiche der Elektronenhülle der Marsatome durcheinanderbringen. Dann senden sie Röntgenstrahlung aus, die es gestattet, die Elemente zu bestimmen, die schwerer sind als Magnesium.

Am dritten Marstag, nach einigen Problemen mit der Kommunikation zwischen der festen Station und Sojourner, hielt das Raupenfahrzeug den Sensorkopf seines APX-Spektrometers gegen den Felsbrocken Barnacle Bill. Insgesamt hat Sojourner zehn chemische Analysen durchgeführt. Das Ergebnis – soweit man aus dem begrenzten Untersuchungsgebiet auf die gesamte Marsoberfläche schließen kann: Wie die Erde besitzt der Mars eine an Aluminium und Silizium reiche Oberflächenkruste, in der auch Mangan, Kalium und Eisen zu finden sind. Die verschiedenen untersuchten Steine ähneln einander in ihrer chemischen Zusammensetzung. Das ist verwunderlich, denn die Pathfinder-Landestelle befindet sich mitten in einem ausgetrockneten Flußbett. Man hatte erwartet, daß dort Gestein von verschiedenen Regionen des alten Flußlaufes in das Landegebiet gespült worden ist. Das scheint nicht der Fall zu sein.

Der Staub allerdings ist chemisch anders als die Steine. Da er in den schon von der Erde aus beobachtbaren Sandstürmen von anderen Stellen der Planetenoberfläche gekommen sein kann, ist das ein Hinweis, daß das Gestein anderer Landschaften des Mars sich chemisch von den Steinen des Landegebietes unterscheidet.

Die von Sojourner untersuchten Steine unterscheiden sich in den Häufigkeiten ihrer Sauerstoffverbindungen deutlich von den Marsmeteoriten, die man auf der Erde gefunden hat und von denen man vermutet, daß sie bei Einschlägen von großen Meteoriten am Mars in den Raum geschleudert und von der Erde aufgesammelt worden sind. Daß sie sich chemisch vom Gestein der Pathfinder-Landschaft unterscheiden, ist wahrscheinlich gleichfalls ein Hinweis auf die chemische Verschiedenartigkeit der Marsoberfläche. Die Marsmeteoriten haben in den letzten Jahren Aufsehen erregt, weil NASA-Wissenschaftler in einem von ihnen versteinerte Mikroben zu erkennen glaubten. Inzwischen ist es um diese wahrscheinlich übereilte Bekanntgabe recht ruhig geworden.

Das Raupenfahrzeug Sojourner *untersucht auf der Oberfläche des Mars den Stein* Yogi. *Im Vordergrund die Rampe, über die Sojourner den Marsboden erreichte und von der aus es drei Marstage nach der Landung der Pathfinder-Sonde den Stein* Barnacle Bill, *direkt vor der Rampe, erreichte.*

98 Die Steine des Mars und die Gutenberg-Bibel sind auf die gleiche Art chemisch untersucht worden: nicht im Reagenzglas, nicht durch Spektralanalyse – nein, durch chemische Analyse der dritten Art.

... und das haben sie gemeinsam.

Der Herr der Ringe

Zedern wachsen nicht in Salzwasser. Das schoß dem Geologen Brian Atwater durch den Kopf, als er vor einigen Jahren mit dem Kanu an der Küste des US-Staates Washington entlangpaddelte. Dicht unter dem Wasser konnte er Baumstümpfe erkennen, Stämme von Zedern. Der Waldboden, auf dem sie gewachsen waren, mußte in der Vergangenheit über der Wasserlinie gewesen sein. War er bei einem Erdbeben in den Pazifik gesunken? Holz spricht eine eigene Sprache, denn die Ringe der Bäume lassen das Alter des Holzes erkennen. Ein japanischer Experte konnte Atwater sagen, daß die Bäume um das Jahr 1700 gestorben sind. Wenn bei einem Erdbeben Landmassen ins Meer rutschen, erzeugen sie im Ozean gewaltige Wellen, sogenannte Tsunamis. Besonders in Japan und auf Hawaii sind sie gefürchtet. Da die Gegend des Staates Washington vor 300 Jahren kaum besiedelt war, gibt es keinerlei Aufzeichnungen aus jener Zeit. Deshalb wurde man nicht in Washington, sondern in Japan fündig. Am 27. und 28. Januar des Jahres 1700 suchte dort eine Flutwelle einen etwa 1000 km langen Küstenstreifen heim. Die Bewohner mußten auf Anhöhen und Bergen Schutz suchen. Ein Erdbeben im Staate Washington vor 300 Jahren! Bisher hatten die Einwohner der Fünfmillionen-Stadt Seattle ruhig schlafen können, weil sie glaubten, die tektonischen Platten vor ihrer Küste, die an der Cascalina-Falte aufeinanderstoßen, gleiten gleichförmig aneinander vorbei und bewegen sich nicht ruckartig wie die Platten an

100   der St.-Andreas-Falte im Süden, die für das große Erdbeben von San Franzisko im Jahre 1906 verantwortlich waren. Das mit Hilfe der Baumstümpfe datierte Erdbeben von 1700 belehrte die Leute in Seattle eines Besseren.

Die Altersbestimmung anhand der Baumringe geht auf einen Astronomen zurück. Der in Vermont geborene Andrew Ellicot Douglass (1867–1962) hatte sich schon in der Schule für Astronomie interessiert, und natürlich wählte er sie als Studienfach, als er sich an der Harvard-Universität einschrieb. Danach wurde er einer der Mitarbeiter von Percival Lowell, dem Astronomen aus reicher Bostoner Kaufmannsfamilie, der in Flagstaff aus eigenen Mitteln eine Sternwarte baute, von der aus er die von dem italienischen Astronomen Schiaparelli entdeckten Marskanäle genauer erforschen wollte. Heute wissen wir, daß es sich dabei um eine optische Täuschung handelte. Doch Lowell war so überzeugt, daß sie von intelligenten Marsbewohnern errichtete Kanäle sind, daß mit ihm darüber nicht zu diskutieren war. Seinen Assistenten Douglass fesselten die Kanäle am Mars anfangs sehr, doch bald fragte er sich, ob der Beobachter bei diesen dünnen, spinnwebartigen Linien nicht vielleicht einer Täuschung unterliege. Er machte Versuche, inwiefern weit entfernte weiße Kugeln im Fernrohr beim längeren Hinsehen auch »Kanäle« erkennen lassen. Sein Zweifel an

den Marskanälen kostete ihn schließlich den Job. Danach sah er keine Aussicht, wieder eine Stelle in der Astronomie zu finden. Er versuchte sich in der Politik, wurde zum Richter gewählt und arbeitete daneben als Spanischlehrer. Doch dann erhielt er den Auftrag, eine Sternwarte auf-

Andrew Ellicot Douglass
(1867–1962)

zubauen. So wurde er zum Gründer des Steward-Observa-
toriums in Tucson im Bundesstaat Arizona. Die Astronomie
hatte ihn wieder – aber nicht ganz.

Als er in dieser Zeit durch das nördliche Arizona reiste,
fiel ihm auf, wie die Niederschlagsmenge das Wachstum der
Bäume beeinflußte. Offensichtlich reagieren Bäume besonders empfindlich auf Feuchtigkeit. Die aber rührt letztlich
daher, daß die Sonne das Wasser der Meere verdunsten läßt.
Hatte man aber nicht gerade die Sonnenflecken für die
Monsune in Asien verantwortlich gemacht? Spiegelt sich
vielleicht der elfjährige Zy-
klus der Sonnenflecken auch
im Wachstum der Bäume
wider? Wie gut ein Baum
wächst, läßt sich an der Stärke der Jahresringe erkennen.
Feuchte Jahre: dicke Ringe,
trockene Jahre: magere Ringe.
Im Holzlager eines Freundes
begann er mit seinen Studien.

Baumringe

Tatsächlich zeigten die Stämme verschieden dicke Jahresringe, schmalere folgten dickeren, und es schien, als ob verschiedene Bäume dieselbe Folge von Dick und Dünn zeigten. Schließlich fand er zwei Stämme, die ein und dieselbe
Folge zeigten. Dem einen aber fehlten die äußersten zehn
Ringe. Douglass schloß daraus, daß dieser Baum zehn Jahre
vor dem anderen gefällt worden war, was tatsächlich anhand
der Unterlagen im Holzlager bestätigt werden konnte. Das
aber ergab die Möglichkeit, durch Vergleich verschiedener
Hölzer deren Alter zu bestimmen. Wenn sie über mehrere
Ringe dieselbe Folge von Dick und Dünn zeigten, dann waren sie während dieser Jahre gleichzeitig gewachsen. Man
mußte nur von den gemeinsamen Ringen an die Ringe des
später gefällten nach außen zählen, um zu erfahren, wie viele
Jahre der eine Baum nach dem anderen geschlagen worden

102 war. Die Ringfolge alter Bäume findet sich in den Folgen im Inneren eines später gefällten Baumes wieder. Douglass konnte mehrere Holzproben so aneinander anschließen, daß sie längere Zeitspannen überdeckten. Dabei halfen ihm vor allem Balken in alten Indianerpueblos und in aztekischen Ruinen. Um 1930 konnte er Hölzer lückenlos bis zu Beginn unserer Zeitrechnung zurückverfolgen.

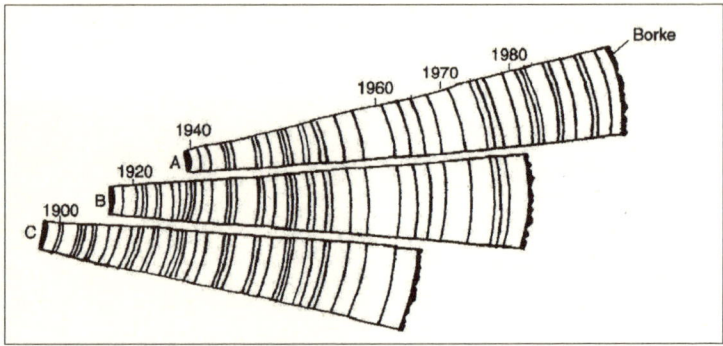

Holzproben dreier Bäume überdecken einen Zeitraum von 90 Jahren (Schemazeichnung nach M. J. Aitken).

Eigentlich glaubte Douglass, den Sonnenzyklus in den Baumringen wiederzufinden. Doch das hat sich nicht bestätigt. Aber der Astronom Douglass hat so ganz nebenbei eine neue Wissenschaft ins Leben gerufen. Heute deckt die Dendrochronologie, die Baumringforschung, die inzwischen ein wichtiges Werkzeug der Archäologie geworden ist, einen Zeitraum von mehr als 4000 Jahren ab. Daß die Baumringe einmal die Ursache eines Tsunami in Japan verraten werden, das hat er wohl nicht geahnt.

Als ich vor Jahren in Hilo auf Hawaii war, stand man noch unter dem Eindruck des letzten Tsunami, der einige Jahre zuvor an der Ostküste der Insel mehrere Menschenleben gefordert hatte. Nur wer bei einer solchen Katastrophe rechtzeitig die nächste Anhöhe erreicht, hat die Chance zu über-

leben. An der Rezeption in meinem Hotel waren drei Regeln
für den Fall einer plötzlichen Flutwelle angeschlagen:

1. Bewahren Sie Ruhe!
2. Zahlen Sie Ihre Hotelrechnung!
3. ... und dann nichts wie weg!

Dieser Beitrag erschien im Mai 2000. Am 28. Februar 2001 erschütterte um 20 Uhr mitteleuropäischer Zeit ein Erdbeben der Stärke 6,8 die Stadt Seattle. Bei dieser Gelegenheit erinnerten die Medien auch an ein Beben der Stärke 7,1 im Jahre 1949 an der gleichen Stelle. Beide Ereignisse waren aber harmlos im Vergleich zu dem Beben vom Januar des Jahres 1700.

Gauß und Kilogauß

Der Sonnenphysiker Axel Wittmann ist ein vorsichtiger Autofahrer, doch als er am Morgen des 25. November 1998 von der Humboldtallee durch Göttingens Straßen zum Windausweg fuhr, achtete er noch mehr auf alles, was vor und hinter ihm unterwegs war. Der Kofferraum des Wagens war ihm zu unsicher, deshalb hatte er die Kiste auf den Rücksitzen angeschnallt, damit seine kostbare Fracht bei einem Auffahrunfall nicht beschädigt würde. Früher hatte die nunmehr sorgfältig ausgekleidete Kiste dem Transport eines Computers gedient. Wittmann hielt sie für die angemessene Verpackung für den Inhalt des Glasgefäßes, das er zum Institut für Rechtsmedizin bringen wollte. Das Gefäß enthielt das Gehirn eines der größten Mathematiker und Astronomen aller Zeiten.

Am Morgen des 23. Februar 1855, um 1 Uhr 2 Minuten, war in der Göttinger Sternwarte ihr 78 jähriger Direktor, Carl Friedrich Gauß, verstorben. Schon zu seinen Lebzeiten galt er als der »Fürst der Mathematiker«, und seine Kollegen hielten ihn für den größten Mathematiker Europas – und außer-

Carl Friedrich Gauß (1777–1855)/
© Sternwarte Göttingen.

106 halb unseres Kontinents gab es damals sowieso keine ver-
gleichbare Mathematik. In der nächsten Geschichte komme
ich noch einmal auf diesen großen Göttinger Gelehrten
zurück.

Schon am Tag nach seinem Tode wurde die Leiche obdu-
ziert. Dabei entnahm der Pathologe das Gehirn und fertigte
einen Gipsabdruck der In-
nenseite der Schädeldecke an.
Die Erforschung der Gehirn-
funktionen steckte damals in
ihren Anfängen. Noch hielt
man sich an die *Phrenologie*
des deutschen Mediziners
Franz Joseph Gall, wonach
Wölbungen des Schädels
Auskunft über die Funktionen einzelner Gehirnteile geben. Erst um 1861 und später

Gauß auf dem Totenbett

lokalisierten der Franzose Paul Broca und der Deutsche
Carl Wernicke die Sprachzentren im Gehirn. Danach wurden die Funktionen weiterer Bereiche erkannt. Aber erst in
der zweiten Hälfte des 20. Jahrhunderts stellte sich heraus,
daß viele Funktionen durch das Zusammenwirken mehrerer
voneinander räumlich getrennter Bereiche des Gehirns zu-
stande kommen.

Inzwischen hat die Medizin gelernt, daß es die mikrosko-
pisch kleinen Nervenzellen, die *Neuronen,* sind, die mit
ihren Ausläufern, den *Dendriten* und den *Axonen,* jeweils
an Tausende anderer Neuronen gekoppelt sind und ein
Netzwerk bilden, in dem alle unsere Erinnerungen und Er-
fahrungen gespeichert sind.

Als man das Gehirn des Mathematikers entnahm und
konservierte, ahnte man, daß wohl erst zukünftige Gelehr-
tengenerationen lernen könnten, welche Besonderheit den
Eigentümer zum Genie machte. Denn auch die Gehirne der

Geistesgrößen sind »so groß wie eine Kokosnuß, haben die Gestalt einer Walnuß, die Farbe roher Leber und die Konsistenz kalter Butter« (R. Carter). Auch Gaußens Gehirn zeigte keine offensichtlichen Unterschiede zu dem gewöhnlicher Sterblicher. Wir wissen auch heute noch nicht, was im Gehirn das Genie ausmacht, trotz der verfeinerten Untersuchungsmethoden, bei denen wir die Gehirnströme messen und die Atome im Gehirn zwingen, Radiosignale auszusenden, die uns Aufschluß geben über die Verteilung bestimmter Atome im lebenden Gehirn.

Das damals entnommene Gehirn des Mathematikers Gauß lagert seit knapp 150 Jahren in Instituten der Göttinger Universität. Das Formalin, in dem es liegt, hat es bis heute in sehr gutem Zustand erhalten. Es war Axel Wittmanns Idee, zur Sicherheit die Struktur des Gehirns für alle Zukunft auch noch in digitaler Form zu speichern. Wenn wir auch heute nicht wissen, ob Genialität am toten Gehirn Spuren hinterlassen hat, vielleicht finden es spätere Generationen heraus.

An jenem Herbsttag des Jahres 1998 war es soweit. Nachdem die Reliquie gereinigt worden war, wurde sie zum Max-Planck-Institut für biophysikalische Chemie gebracht, wo sie in der Arbeitsgruppe des Biomediziners Jens Frahm im Magnetresonanztomografen des Instituts vermessen wurde. Um der Würde des angesehenen Toten gerecht zu werden, fand die Untersuchung im engsten Kreis, ohne Pressevertreter, statt.

Das kostbare Präparat wurde in ein Magnetfeld von der Stärke 2 Tesla gebracht. Früher war die Einheit der Magnetfeldstärke das »Gauß«, benannt nach eben diesem Carl Friedrich Gauß. Er hatte sich auch intensiv mit Messungen des Erdmagnetfeldes befaßt, dessen Stärke übrigens bei einem halben Gauß liegt. In dieser Einheit betrug die Feldstärke im Tomografen 20 000 Gauß oder 20 Kilogauß.

108   Die Atomkerne jedes Präparats sind winzige Magneten, die normalerweise in beliebige Richtungen zeigen können. Im Magnetfeld aber richten sich diese Minimagneten aus. Im Fall des Wasserstoffatoms stellen sie sich in die Richtung des Magnetfeldes oder entgegengesetzt dazu ein. Natürlich kann niemand von außen erkennen, wo ein Atomkern wie ausgerichtet ist. Deshalb wird das Präparat kurzzeitig von einem starken Kurzwellensender bestrahlt. Dabei nimmt ein Teil der Wasserstoffatome Energie auf, um von einer Richtung in die andere umzukippen. Ist die Bestrahlung zuende, kippen sie in ihren alten Zustand zurück und geben die vorher aufgenommene Energie als Radiostrahlung wieder ab. Ein Empfänger kann mit Hilfe eines raffinierten Auswertesystems dann den Ort des kippenden Atomkerns ermitteln. So läßt sich feststel-

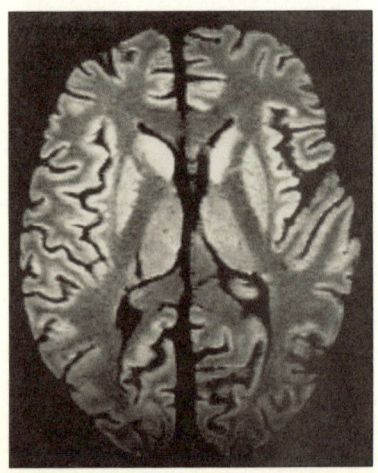

Das Gehirn des Mathematikers Gauß

Ein durch Magnetresonanz gewonnener Schnitt durch das Gehirn von Gauß

len, wie die Atome im Präparat verteilt sind, nicht nur an der Oberfläche, sondern auch an jeder Stelle im Inneren. Damit gelang es, die innere Struktur des Gaußschen Gehirns zu ermitteln, ohne es zu zerstören. Allerdings liegt die Auflösung des Verfahrens nur bei etwa einem Millimeter. Die gewonnene Datenbank enthält also zwar die Informationen über die großräumige Struktur, zum Beispiel über den Verlauf der Gehirnwindungen und über die Oberfläche der Gehirnsubstanz, doch die Neuronen und ihre Vernetzung untereinander konnten nicht erfaßt werden.

Mit dem Gehirn von Gauß ging die Nachwelt wesentlich sorgfältiger um als mit dem von Albert Einstein. Als der Schöpfer der Relativitätstheorie im April 1956 in den USA verstarb, wurden Gehirn und Augen konserviert. Später wurde das Gehirn in Scheiben geschnitten, und Thomas Harvey, der Pathologe, der Einsteins Hirn lange Zeit verwahrte, verschenkte kleine Proben an Wissenschaftler in aller Welt. So wurde Einsteins Gehirn in mehr als 240 Schnipsel zerstückelt.

... und gottlob bin ich kein Einstein.

Der €uro kommt – mein Fenster geht

Millionen Menschen tragen zur Zeit noch das Bild meines Arbeitszimmers mit sich herum, eigentlich nicht des ganzen Zimmers, aber der Fenster links vom Portal, durch die das Licht auf den Schreibtisch fiel, an dem ich zehn Jahre lang gearbeitet habe. Der deutsche Zehnmarkschein zeigt das Portrait des Göttinger Mathematikers und Astronomen Carl Friedrich Gauß. Zwei Göttinger Kirchen sind mit schwachen Linien angedeutet und die Sternwarte, die im Jahre 1816 gebaut worden ist. Ihr erster Direktor war Gauß. Das Bild zeigt die Südseite mit dem heute nicht mehr benutzten Hauptportal, darüber die gleichfalls nicht mehr benutzte Kuppel. Das Gebäude hat nicht nur ein Stück Geschichte der Astronomie miterlebt, in ihm ist auch Geschichte gemacht worden.

Gauß war bei der Eröffnung der Sternwarte bereits in der mathematischen und in der astronomischen Welt ein angesehener Gelehrter, vor allem wegen eines kleinen Planeten. Der italienische Astronom Piazzi hatte in der Neujahrsnacht des Jahres 1801 den ersten *Planetoiden, Ceres,* entdeckt. Planetoiden, oft auch *Asteroiden* genannt, bewegen sich wie die Planeten um die Sonne. Sie sind aber wesentlich kleiner. Ihre Durchmesser sind meist kleiner als 100 Kilometer. Ceres ist der größte von ihnen. Die Bahnen der Planetoiden liegen hauptsächlich zwischen den Bahnen von Mars und Jupiter. Aber das erfuhren die Astronomen erst später. Nach

112   seiner Entdeckung stand der neuentdeckte Mini-Planet nur wenige Wochen am Nachthimmel, ehe er auf den Taghimmel wanderte und dann für die Beobachter verschwunden war – für immer? Dem 24jährigen Gauß gelang es, aus den bis dahin gewonnenen Beobachtungen zu berechnen, wo am Himmel der neue Himmelskörper zu finden sein muß, wenn er wieder nachts am Himmel steht. Tatsächlich wurde Ceres dann an der vorausberechneten Stelle wiederentdeckt.

Kurz nachdem Gauß in den Neubau der Sternwarte eingezogen war, erhielt er den Auftrag, das Königreich Hannover zu vermessen, eine Aufgabe, für die er neue mathematische Methoden und ein neues Hilfsgerät, das *Heliotrop*, erfand. In ihm wurde über einen Spiegel Sonnenlicht vom Zielpunkt zum Meßinstrument am Beobachtungsort reflektiert. Der Ausgangspunkt der Vermessung war der Fußpunkt eines Meridiankreises im Sternwartegebäude. Von da aus überzog Gauß das Land mit einem Netz von Dreiecken, an deren Eckpunkte die Geometer ihre Vermessungen anschließen konnten. Ein Teil dieses Netzes ist auf der Rückseite des deutschen Zehnmarkscheins abgebildet. Der Nullpunkt der Niedersächsischen Landesvermessung liegt auch heute noch im inzwischen umgebauten Sternwartengebäude, mitten in meinem damaligen Arbeitszimmer. Ihn markiert eine Stahlspitze in einer Öffnung im Parkett, damals etwa einen Meter neben meinem Schreibtisch.

Gauß war ein vielseitiger Gelehrter. Der spätere Direktor der Sternwarte in Pulkovo, Otto Struve, der ihn zusammen mit seinem Vater im Jahre 1838 in Göttingen besuchte, berichtet, Gauß habe damals intensiv Russisch gelernt, um die Arbeiten des Mathematikers Lobatschewski lesen zu können.

Die Göttinger Sternwarte heute.

Aber Gauß war nicht nur Mathematiker und Geometer. **113**
Ihn faszinierte das Magnetfeld der Erde ebenso wie die Er-
zeugung von elektrischen Strömen durch bewegte Magnetfelder. So begann er im
Jahre 1831 zusammen mit
dem Physiker Wilhelm
Weber, mit Hilfe von
durch Induktion erzeug-
ten Stromstößen Nach-
richten zu übermitteln.
Die erste Telegrafenlei-
tung der Welt war aus
Eisendraht und führte
von der Sternwarte über

*Der Mathematiker und Astronom Carl
Friedrich Gauß mit Göttinger Motiven
auf dem Zehnmarkschein.*

den Nordturm der Johanniskirche in Webers etwa einen
Kilometer entferntes Physikalisches Kabinett. Eine der ersten Nachrichten soll die Ankündigung gewesen sein, der

*Detail aus dem Zehnmarkschein mit der
Göttinger Sternwarte.*

114 Hausdiener werde in Kürze zur Empfangsstation kommen, und während man dort den Spruch »Michelmann kömmt« noch entzifferte, war Michelmann längst da.

Eine der herausragendsten Gestalten in der Geschichte der Göttinger Sternwarte war Karl Schwarzschild (1873–1916), der vielleicht größte Astrophysiker seiner Zeit. Während der acht Jahre, die er in Göttingen wirkte, entwickelte er die fotografische Präzisionsphotometrie von Sternen und die Messungen ihrer Farben. Mit dem Dänen Eijnaar Hertzsprung, den er nach Göttingen geholt hatte, fand er heraus, daß es rote Riesensterne gibt. Der Weg zum berühmten Hertzsprung-Russell-Diagramm der Astrophysiker war nicht mehr weit.

Nicht immer lieben Institutsdirektoren ihre Amtsvorgänger. Schwarzschilds Nachfolger, Johannes Hartmann (1865–1936), wurde durch das nach ihm benannte Mikrophotometer bekannt. Im Inventarverzeichnis der Instrumente der Sternwarte notierte er abfällig, sein Vorgänger Schwarzschild habe ein kleineres Fernrohr hauptsächlich dafür benutzt, bei Gartenparties seinen Gästen einen »Blick auf die Venus« zu gestatten, indem er in der Brennebene des Objektivs das Diapositiv einer nur dürftig bekleideten Frauensperson anbrachte.

Eine der wichtigsten Perioden in der Göttinger Astronomiegeschichte war die Ära unter dem Direktor Hans Kienle (1895–1975), aus dessen Schule erfolgreiche Astronomen hervorgingen wie Alfred Behr, Ludwig Biermann, Hans Haffner, Otto Heckmann, Martin Schwarzschild, Heinrich Siedentopf und Rupert Wildt.

Aber nicht alle Geschichten um die Göttinger Sternwarte sind erfreulich. Da war Ernst Friedrich Wilhelm Klinkerfues (1827–1884), der neben seinen astronomischen Arbeiten eine automatische Vorrichtung zum Anzünden von Gaslaternen erfand. Klinkerfues machte auch meteorologische Voraussagen, die ihm wegen mangelnder Treffsicherheit in

Göttingen den Namen »Flunkerkies« einbrachten. Er war ein unglücklicher Mensch in ständiger Geldnot. Klinkerfues erhängte sich 1884 in dem Sternwartengebäude.

Während Martin Schwarzschild, seinem verstorbenen Vater Karl Schwarzschild folgend, Astronomie studierte, kam Hitler an die Macht. Der Göttinger Student Schwarzschild junior war nach den Rassegesetzen »Halbjude« und durfte die Sternwarte nicht mehr betreten. Doch Kienle, sein Doktorvater, ließ daraufhin das für die Doktorarbeit nötige Photometer in der Studentenbude seines Doktoranden aufstellen, und so konnte in Göttingen einer der größten Astrophysiker der zweiten Hälfte unseres Jahrhunderts trotz Hausverbot promovieren.

Um das Gebäude, das der deutsche Zehnmarkschein zeigt, ranken sich viele Geschichten. Doch jetzt kommt der Euro, und niemand mehr wird dann das Bild der Göttinger Sternwarte in der Brieftasche aufbewahren, niemand mehr wird mein Arbeitszimmerfenster am Herzen tragen. Ich werde mir bei meinem Freund Hans-Heinrich Voigt Trost holen. Er arbeitete 23 Jahre lang hinter dem zweiten Fenster, rechts vom Eingangsportal, auf dem Geldschein im Schatten von Gauß. Aber in dessen Schatten standen die Göttinger Astronomen schon immer.

Die Geschichte der »Frau Deinzer«

… in der eine junge Frau durch einen grausamen Schicksalsschlag ihrer Familie entrissen und in mehreren astronomischen Instituten gefangen gehalten wird. Sie muß sich von jungen Astronomen küssen lassen, und sie wird vor reisenden Astronomen zur Schau gestellt. Schließlich wird eine Tageszeitung auf ihr Schicksal aufmerksam, und auf gar wundersame Weise findet die unglückliche Frau zu ihrer Familie zurück.

Gegen Ende des Zweiten Weltkrieges lag am Morgen nach einer Bombennacht im Schutt des Gartens der Münchner Universitätssternwarte im Stadtteil Bogenhausen die Skulptur einer jungen Frau. Niemand wußte, woher sie gekommen war. Nach Kriegsende setzten Studenten die Figur auf einen Sockel im Sternwartengarten. Von dort blickte die unbekannte Frau mehr als ein Jahrzehnt lang auf die Studenten, die an ihr vorbei zur Vorlesung eilten.

Nicht nur in München, überall in Deutschland füllten damals Studenten wieder die Hörsäle, auch in Göttingen. Wer dort promovierte, wurde von seinen Kommilitonen auf einem phantasievoll ge-

Die Plastik der Irene Sattler aus der Werkstatt des Münchner Künstlers Adolf von Hildebrandt (1847–1921).

118 schmückten Gefährt zum Rathausplatz gekarrt, denn einer
alten Tradition folgend mußte der frisch gebackene Doktor
den Brunnen ersteigen und Göttingens Wahrzeichen in
Bronze, das Gänseliesel, küssen, und das tun sie auch heute
noch. Auch die jungen Astronomen unterwarfen sich dieser
angenehmen Pflicht, ob sie nun ihre Doktorarbeit in der
Sternwarte angefertigt hatten oder bei den Astronomen des
Max-Planck-Instituts für Physik, das nach dem Krieg in
Göttingen unter der Leitung des Nobelpreisträgers Werner
Heisenberg entstanden war.

Im Jahre 1958 zog dieses Institut nach München; ich war
damals mit bei der Mannschaft, die nach Bayern übersie-
delte. Wir zogen in ein modernes, von einem bayerischen
Star-Architekten errichtetes Gebäude. Doch als die ersten
Promotionen stattfinden sollten, fehlte das Gänseliesel. Wo
in München sollte der feierliche Akt vollzogen werden?

Damals fiel einem von uns die herrenlose Frauenfigur auf
dem Gelände der Sternwarte ein. Natürlich konnte man
solch eine wichtige Sache nicht den Direktoren der beiden
Institute überlassen. Deshalb schlichen eines Nachts junge
Mitarbeiter des Instituts nach Bogenhausen, luden die

schwere Figur auf einen
Handwagen, brachten sie zu
unserem Institut und stellten
sie im Garten auf. Nunmehr
konnten wir die Göttinger
Tradition in leicht abgeänder-
ter Form auch in München

*Das Gänseliesel, die Brunnenfigur
auf dem Göttinger Rathausplatz.
Nach alter Tradition werden
frisch Promovierte von ihren
Kommilitonen in feierlichem
Umzug zu dieser Brunnenfigur
gebracht, um sich für die bestan-
dene Prüfung bei ihr mit einem
Kuß zu bedanken.*

fortsetzen. Die erste Gelegenheit dazu bot sich, als der nächste Doktorand, Willi Deinzer, seine Arbeit über den Aufbau der Sonnenflecken abgeschlossen hatte. Nach der mündlichen Prüfung mußte er die neu erworbene Figur küssen, die daraufhin im Institut »Frau Deinzer« hieß. Sie spielte mehrere Jahre lang die Rolle des Göttinger Gänseliesels, bis sie ein neuer Schicksalsschlag traf.

Weil Mitarbeiter und Anlieferer mit ihren Autos des öfteren über eine Ecke der Rasenfläche vor dem Institutsgebäude fuhren und die Grasnarbe beschädigten, beauftragte Werner Heisenberg die Werkstatt, an der besagten Ecke ein kleines Mäuerchen hochzuziehen, um den Rasen zu schützen. Wir fanden, daß die Mauer nicht zum Baustil des Gebäudes paßte, und wir wollten Heisenberg zeigen, wie absurd seine Anordnung sei: Wir setzten »Frau Deinzer« auf das Mäuerchen – wenn schon Stilbruch, dann gleich richtig. Wir hatten aber nicht bedacht, daß wir die Männer, die auf Geheiß des Direktors die Mauer errichtet hatten, tödlich beleidigten. Sie waren stolz auf ihr Werk und wollten nicht, daß ihre Arbeit mit der Figur lächerlich gemacht werde. Mehrere Male brachten sie »Frau Deinzer« wieder auf ihren Platz im Institutsgarten zurück, doch stets fanden sich Wissenschaftler, die sie nachts wieder auf das Mäuerchen stellten. Schließlich vergruben die Werkstattleute die Figur irgendwo im Garten. Damit war der Streit um das Mäuerchen beendet, »Frau Deinzer« war verschwunden.

Im Jahre 1965 folgte ich einem Ruf an die Göttinger Universität. In dieser Zeit kamen wir auf die Idee, den Keller der Göttinger Sternwarte zu einer Art Partyraum auszubauen, um dort Prüfungsfeiern abzuhalten und mit Gastrednern nach ihren Vorträgen noch zusammensitzen und diskutieren zu können. In freiwilligen Arbeitsstunden vergipsten Studierende, Mitarbeiter und Professoren Löcher in den Mauern und strichen die Wände. Dann brachten Mitarbeiter »Andenken« mit, das Schild mit der Hausnummer des

120 Münchner Instituts oder abmontierte Straßenschilder mit den Namen bekannter Physiker. Gäste aus aller Welt brachten Souvenirs. Der Göttinger Sternwartenkeller wurde berühmt, er fand sogar in der astronomischen Literatur seinen Niederschlag*. Jetzt fehlte in der Sammlung nur noch die in München verschwundene »Frau Deinzer«.

Bei einem Besuch am Münchner Institut erwähnte ich beiläufig im Gespräch mit dem langjährigen Pförtner Paul Cierpka, einem Juwel in der Geschichte des Instituts, wie schade es sei, daß die »Frau Deinzer« irgendwo unauffindbar begraben sei. Der Pförtner ging sogleich in die Werkstatt: »Die ursprünglichen Besitzer der Figur haben sich gemeldet«, log er, »sie wollen die Figur zurückhaben«. »O Gott«, rief der Werkstattchef verlegen, »wir wissen nicht mehr, wo wir sie eingegraben haben«. »Dann sucht mal schön«, sagte das Juwel.

Notgedrungen mußte die Werkstatt Stahlruten anfertigen, mit denen ihre Leute den Boden hinter dem Institutsgebäude durchstocherten, bis sie auf »Frau Deinzer« stießen. Danach ließ sie der Pförtner die Figur auch noch reinigen, denn »so kann man sie den Besitzern nicht übergeben«. Heimlich luden wir danach die Figur in den Kofferraum meines Wagens. Am nächsten Tag hatte sie im Göttinger Sternwartenkeller einen Ehrenplatz. Dort stand sie etwa 30 Jahre und wurde den Kolloquiumsgästen aus aller Welt gerne gezeigt.

Im Frühjahr 1996 schrieb ein Journalist vom *Göttinger Tageblatt* über die Sternwarte und stieß bei seinen Recherchen auch auf »Frau Deinzer«. Willi Deinzer, der Doktorand, der sie Jahrzehnte zuvor in München als erster geküßt hatte, war inzwischen Professor für Astronomie in Göttingen geworden – eine Art Familienzusammenführung. Er er-

---

* George Abell, *Drama of the Universe*, New York 1974, S. 303.

zählte dem Journalisten, was die Skulptur schon alles erlebt
hatte. Daraus entstand ein Zeitungsartikel, der einige Zeit
später gedruckt wurde. Den Beitrag las ein Göttinger Kunsthistoriker, dem die Figur bekannt vorkam. Sie erwies sich als
eine Plastik aus der Werkstatt des Münchner Bildhauers
Adolf von Hildebrand (1847–1921) und stellte Irene Sattler
dar, eine Dame der damaligen Münchner Gesellschaft. Das
Original steht in der Alten Pinakothek in München, die Ko-
pie aus feinstem Carrara-Marmor war im Besitz der Familie
Sattler in München-Bogenhausen, bis sie von einer Flieger-
bombe in den benachbarten Garten der Münchner Sternwarte geschleudert wurde. Im Sommer 1997 kam der Uren-
kel von Irene Sattler, ein Berliner Architekt, nach Göttingen
und holte den Familienbesitz ab. »Frau Deinzer« ist nun
heimgekehrt und hat in Berlin ihre Ruhe gefunden.

... und das freut mich.

Der veruntreute Himmel

Es ist jetzt 39 Jahre her, daß ich dem Abbé Lemaître (1894–1966) begegnet bin. Das war im August 1961 anläßlich der Generalversammlung der Internationalen Astronomischen Union in Berkeley in Kalifornien. Lemaître war einer der großen alten Herren der Kosmologie. Von ihm stammt eine der klassischen Lösungen der Einsteinschen Gleichungen für die Expansion des Weltalls, kurz nachdem die Allgemeine Relativitätstheorie bekannt geworden war. In Berkeley sprach Lemaître über etwas anderes, er protestierte gegen das bevorstehende amerikanische Weltraumprojekt West Ford. Dabei sollten Millionen dünner Metallnadeln, jede einen halben Zoll lang, in eine Umlaufbahn gebracht werden. Sie sollten Funksignale von der Erde reflektieren und damit den Funkverkehr rund um den Globus ermöglichen. Die Astronomen waren in Sorge, daß im Falle des Erfolges die Erde ständig in eine Wolke von Metallnadeln gehüllt und nahezu alle Radiokanäle verstopft wären. Für die Radioastronomen blieben für ihre Arbeit kaum noch ungestörte Frequenzbereiche übrig. Doch die Astronomen hatten Glück. Als am 21. Oktober 1961 die Nadeln in die Umlaufbahn gebracht wurden, verteilten sie sich nicht, vielleicht waren sie aneinander gefroren. Hatte der Himmel ein Gebet von Lemaître erhört, der als Mann der Kirche einen direkten Draht nach oben hatte? Noch zweimal wurden Nadeln in den Orbit geschossen. Um ein Aneinanderkleben zu vermeiden, waren die Nadeln nunmehr

124 in Scheiben aus Naphthalin eingelassen, das allmählich vergaste und die Nadeln freigab. Da roch es in der Umlaufbahn nach Mottenkugeln. Wieder hatten die Astronomen Glück, denn die Nadeln blieben nur kurze Zeit oben. Heute haben wir für den Funkverkehr rund um die Uhr Satelliten anstelle von Nadeln.

Damit gerieten die Astronomen allerdings vom Regen in die Traufe. Satelliten kommunizieren mit der Erdoberfläche über Radiowellen. Ein auf dem Mond sendendes normales Handy wäre für uns die drittstärkste Radioquelle am Himmel. Selbst wenn die Frequenzen in einem für die Radioastronomen unwichtigen Bereich lägen – jeder Rundfunksender strahlt nebenbei auch in anderen Wellenlängen aus als in denen, für die er ausgelegt ist. Besonders störend waren in der Vergangenheit die sowjetischen Ortungssatelliten vom Typ GLONASS, die seit 1982 im Orbit sind. Sie senden bei 1612 MHz, genau dort, wo uns das interstellare OH-Molekül Auskunft über Struktur und Bewegungsverhältnisse von Wolken zwischen den Sternen gibt. Die Sender des Ortungssystems sind so stark, daß jeder von ihnen die OH-Beobachtungen unmöglich macht, sobald er über den Horizont steigt. Erst 1993 kam es zu einer Vereinbarung, die Frequenzen der GLONASS-Sender allmählich so zu verschieben, daß sie nicht mehr stören. Aber erst 2006 wird das gesteckte Ziel erreicht sein.

Im Herbst 1998 begann das Satellitensystem IRIDIUM zu arbeiten. Es sollten 66 Satelliten den Mobilfunk von jedem Punkt der Erde zu jedem anderen garantieren. Obwohl die International Telecommunications Union (ITU) schon 1992 empfohlen hatte, die Radiobeobachtungen in diesem Bereich nicht zu beeinträchtigen, senden auch sie wieder nahe bei 1612 MHz, und die Sendeleistung ist tausendmal stärker als die der GLONASS-Sender. Jetzt ist man in Europa zu einer Übereinkunft gekommen: 50% der Zeit werden die IRIDIUM-Satelliten mit verminderter Leistung

senden, vor allem nachts und an Wochenenden. Aber die
Vereinbarung gilt nur bis 2006. Was danach geschieht, weiß
niemand. Lücken im Radiospektrum kosten pro MHz heutzutage eine Milliarde Euro. Darum feilschen die milliarden-
schweren Telefonbetreiber
und üben Druck auf Regie-
rungen und internationale
Kontrollorgane aus. Da haben die Radioastronomen
nicht viel mitzureden. Vielleicht werden sie auf den
Mond flüchten müssen, um
von dessen erdabgewandter
Seite aus zu beobachten.

Satelliten ziehen ihre
Leuchtspuren auch auf Him-
melsaufnahmen. Die Iridium-
Satelliten können vorübergehend Sonnenlicht zur Erde
spiegeln und kurzzeitig fast
halb so hell werden wie der

*Bei der mit mehreren Farbfiltern
gewonnenen Aufnahme zog während der Rot-Belichtung ein Satellit
über den Himmel. Bei der Kombi-
nation der Bilder verschiedener
Farbbereiche erscheint die Satelliten-
spur deshalb rot (Aufn. ESO).*

Vollmond und viel heller als jeder Stern. Auf den Aufnah-
men sehen sie aus wie die Leuchtspuren von Meteoren.

Anfang 1999 wollte Rußland die Welt mit dem Projekt
Znamya 2.5 beglücken. Ein Satellit sollte einen großen Spiegel aussetzen, der Sonnenlicht auf jede beliebige Stelle der
Erde wirft, so daß dort die Nacht zum Tage wird. Vielleicht
hatte wieder der gute Abbé Lemaître – Gott hab' ihn selig –
diesmal von oben her mitgemischt: Der Sonnenschirm ent-
faltete sich nicht.

Aber Körper in der Umlaufbahn stören nicht nur die
astronomischen Beobachtungen, sie sind auch gefährlich.
Schon vor vier Jahren umkreisten mehr als 9000 Trümmer,
größer als 10 cm, die Erde, darunter aufgegebene Satelliten,
ausgebrannte Raketenstufen und Explosionssplitter. Von

126 den kleineren Brocken gibt es Millionen. Der kosmische Schrottgürtel umgibt die Erde in etwa 1000 Kilometern Höhe. Wie ein Geschoß, das sich mit 15 km/s nähert, würde solch ein Stück jedes Raumschiff durchschlagen. Bis heute ist allerdings noch kein aktiver Satellit von einem Irrläufer außer Betrieb gesetzt worden. Glücklicherweise sind die Trümmer da seltener, wo sich die meisten bemannten Weltraumaktivitäten abspielen, in Höhen von etwa 400 km. Dort ist die Luftreibung schon so stark, daß kleinere Brocken in die dichtere Erdatmosphäre geraten und verglühen. Allerdings mußte die NASA im Herbst 1999 die Internationale Raumstation um 1,5 km anheben, um einer ausgebrannten Pegasus-Rakete auszuweichen. Man schätzt, daß die Bahn der Station etwa zweimal im Jahr korrigiert werden muß, um größeren Trümmern aus dem Weg zu gehen. Weiter draußen, in etwa 36 000 km Entfernung, kreisen die geostationären Stationen, die für uns stets an derselben Stelle des Himmels stehen, die Fernseh- und Telekommunikationssatelliten. Aufgegebene Raumsonden verweilen dort Millionen Jahre lang. Der Platz im geostationären Gürtel wird immer knapper.

Unsere Medien und Umweltorganisationen kümmern sich verhältnismäßig wenig darum. Während eine seltene Krötenart heutzutage ein großes Bauprojekt stoppen kann, erregt der Müll in der Umlaufbahn kaum die Gemüter. Vielleicht könnte das Fernsehen mit einer Serie helfen. Die Helden vom Raumschiff Enterprise und die Recken von *Star Trek* könnten da draußen ein bißchen aufräumen.

... und als Titel vielleicht »Star Dreck«.

Als ich diesen Beitrag schrieb, wußte ich noch nicht, daß die Iridium-Firma bereits Konkurs angemeldet hatte. Bis dahin waren schon mehr als 5 Milliarden US-Dollar investiert. Doch die 66 teuren Iridium-Satelliten mußten nicht zum Absturz gebracht werden. Eine andere Firma erstand sie aus der Konkursmasse, zum

Spottpreis von 250000 US-Dollar, und bot sie dem Verteidigungs-
ministerium der USA an. Doch da meldete sich eine Gruppe von
Wissenschaftlern der Johns-Hopkins-Universität in Baltimore. Die
Satelliten haben auch empfindliche Meßinstrumente für Magnetfelder an Bord. Mit ihnen können die Magnetfelder gemessen
werden, die der von der Sonne kommende Sonnenwind (vgl. S. 60)
mit sich schleppt. Für zwei Jahre sind wir erst einmal sicher, daß
die Beobachtungen der Radioastronomen von den Störungen der
Signale zwischen Satellit und Handy verschont bleiben.

Draußen im Bereich der Umlaufbahnen scheint es sowieso nicht
geheuer zu sein. Im Jahre 1991 wurde ein Instrument an der
Außenseite der in etwa 320 km Höhe kreisenden russischen Raumstation MIR mit einer aus mehreren Aluminium- und Polyester-
schichten bestehenden Schutzhülle überdeckt. Als man diese vier
Jahre später wieder zur Erde zurückbrachte, enthielt sie Spuren der
Zerfallsprodukte von Uran-238. Wie kommt Uran in die Umlaufbahn? Stammt es von dem außerirdischen Kernwaffenversuch vom
9. Juli 1962, bei dem eine Atombombe in 399 km explodierte?
Stammt es von einem havarierten Satelliten, der von einer Atom-
batterie mit Strom versorgt worden war? Oder stammt das Uran
von einem vor Jahrtausenden in einer Supernova explodierten
Stern?

Nein, kein Meteor – das ist ein im Sonnenlicht aufleuchtender Iridium-Satellit (Aufn. T.W. Young, NASA).

Die Erde mitten in einem Schwarm von Weltraummüll.

Operativ-Vorgang »Horoskop«

Ich stand im Mare Imbrium, nicht weit vom Krater Leverrier, und wußte nicht, daß mir bei meiner Wanderung über die Mondlandschaft Männer vom Geheimdienst auf den Fersen waren. Arbeiteten sie für die DDR oder für die Tschechoslowakei? Möglicherweise gehörten sie dem sowjetischen Geheimdienst an.

Nein, das ist kein Versuch, einen Science-fiction-Roman zu schreiben, es ist die Wahrheit. Vor wenigen Tagen gelangten Kopien der Akten des »Operativ-Vorganges Horoskop« des Staatssicherheitsdienstes (Stasi) der ehemaligen DDR in meine Hände. Die Operation hatte den Zweck, den »Verdacht der Spionage und organisierten Kontaktpolitik« durch westdeutsche Astronomen zu überprüfen. Zwei Hauptverdächtige wurden vor allem unter die Lupe genommen: der damalige Vorsitzende der Astronomischen Gesellschaft (AG), das war ich, und mein Freund und damaliger Mitarbeiter Alfred Weigert, der am Tag des Mauerbaus die DDR verlassen hatte und nun als DDR-Flüchtling für die Stasi ein besonders finsterer

Das Mare Imbrium auf dem Mond.

130 Geselle war. Damals arbeiteten wir beide in Göttingen. Während der Operation wurden in Prag die westdeutschen Astronomen observiert, die zur Generalversammlung der Internationalen Astronomischen Union (IAU) im August 1967 gekommen waren. Außerdem mußten die Geheimdienstleute auch die Kontakte der Astronomen aus der DDR mit westlichen Kollegen überwachen. Bei der Lektüre der Dokumente wurden in mir die Erinnerungen an die damalige Prager Tagung wieder lebendig.

Jetzt plötzlich sehe ich die Tagung in Prag aus einer völlig neuen Perspektive. Es war ein Jahr bevor die Truppen des Warschauer Paktes dem »Prager Frühling« ein Ende bereiteten. Von zwei Kollegen, mit denen ich mich damals oft unterhalten habe, erfahre ich jetzt ihre Tarnnamen, sie waren inoffizielle Mitarbeiter (IM) der Stasi. In den Akten heißen sie »Astronom« und »Stern«. Ihnen widme ich diese Zeilen. Es liegt mir aber fern, den Stab über sie zu brechen. Ich habe die sowjetische Besatzungszone schon 1948 verlassen und weiß nicht, ob ich dem politischen Druck in der späteren DDR widerstanden hätte. Urteilen darf nur derjenige, der dort ausgehalten hat und sauber geblieben ist.

Lieber Kollege »Astronom«! Sie haben ziemlich wahr-

Beide Wissenschaftler wurden während der Zeit ihres Aufenthaltes durch die Sicherheitsorgane der CSSR beobachtet, und am 26. 8. und 28. 8. 1967 wurden auf ihren Hotelzimmern in Anwesenheit der Unterzeichneten konspirative Zimmer- und Gepäckdurchsuchungen durchgeführt. Das dabei fotokopierte umfangreiche Material gibt weiteren Aufschluß über ihre Verbindungen und Einsatzmöglichkeiten und wird mit den BeobaCHTungsberichten durch die Sicherheitsorgane der CSSR per Kurier unserem Organ zugeleitet.
Durch zuverlässige inoffizielle Quellen der CSSR wurde der Verdacht ausgesprochen, daß Prof. ● auf Grund seiner Verhaltensweisen für den BND arbeitet. Beweise liegen hierfür jedoch nicht vor.

Auch die tschechischen Genossen mischen mit.

heitsgetreu berichtet, wie die Gruppe von Frau Massewitch von der sowjetischen Akademie mit uns zusammentraf. In Ihrem Bericht steht, daß mir »die Augen geglänzt« hätten, als Frau Massewitch sagte, daß in der nächsten Zeit die Möglichkeit eines Wissenschaftleraustausches zwischen unseren Gruppen bestehe. Sollte ich mich da nicht freuen? Sie wissen doch, wie wichtig der internationale Kontakt zwischen Wissenschaftlern ist. Im Bericht steht das so, als wäre ich froh gewesen, daß wir auf diese Weise die Sowjet-astronomie ausspionieren könnten. Oder haben Sie das gar nicht so gemeint, und hat das Leutnant Hungerland, der die Operation leitete, seinem Bericht nur zugefügt, weil seine Vorgesetzten so was lesen wollten? Ich war immer der Meinung, daß Sie und ich bei aller Verschiedenheit in den politischen Auffassungen in vielem, vor allem in wissenschaftlichen Fragen, auf gleicher Wellenlänge wären. Als Oberstleutnant Koch von der Stasi am 22. November 1967 seinen »Maßnahmenplan zur operativen Bearbeitung der AG« schrieb, bezog er sich auf unsere Kontakte während der Prager Tagung und auf Ihren Besuch in Göttingen. Hat er die Vermutung von Ihnen, daß ich »unter Ausnutzung der gegebenen Möglichkeiten und Kontakte« versuchte, »unmittelbar in die Sowjetunion einzudringen«? Lieber Kollege »Astronom«, sind nicht auch Sie froh, daß diese Zeit des Bespitzelns jetzt vorbei ist? Ich habe lange nichts mehr von Ihnen gehört. Gibt es Sie noch? Immerhin sind Sie nur ein Jahr jünger als ich, und in unserem Alter darf man das schon fragen.

Lieber Kollege »Stern«! Können Sie sich noch an unser Gespräch in Prag erinnern? Sie haben ja unmittelbar danach mündlich Ihrem Führungsoffizier darüber berichtet, wenn auch ungenau. Ich war nie Mitglied der »Sudetendeutschen Landsmannschaft«, gehöre aber der »Sudetendeutschen Akademie« an. Das ist etwas anderes. Sie haben auch nicht über alles berichtet. Wir unterhielten uns damals über die

132 unterschiedlichen Strömungen im Kommunismus, und ich wollte endlich lernen, worin sich die Leninsche Richtung von der Mao Tse-tungs unterscheidet. Da sagten Sie einmal zwischendurch, Sie wären auch gegen Mao, das war ja damals die Parteilinie. Ich aber verstand, Sie seien gegen die Mauer. Erinnern Sie sich noch, wie Sie mir dann nahezu eine halbe Stunde lang immer wieder versicherten, ich hätte mich verhört, Sie verabscheuten nicht die Mauer, sondern Mao Tse-tung? Sie wollten sichergehen, daß ich Sie richtig verstand, denn Sie konnten ja nicht wissen, ob ich das nicht weitererzählen würde.

Wieviel Energie wurde in diese schwachsinnige Operation gesteckt, die sich über mehr als drei Jahre erstreckte! Die Akte umfaßt 237 engbeschriebene Schreibmaschinenseiten. Nicht nur die Kollegen »Astronom« und »Stern« arbeiteten mit, auch die IMs »Hagen« und »Sonne« waren mit von der Partie. Aus den Unterlagen geht hervor, daß die Geheimdienste dreier Staaten des Warschauer Paktes während der Prager Tagung über Alfred Weigert und mich wachten. Von uns unbemerkt begleiteten sie meine Frau und mich auch noch anschließend zu einer Konferenz über Planetarische Nebel in die Slowakei. Mit den insgesamt bei der Operation »Horoskop« vergeudeten Mitteln hätte man die Astronomie in der DDR ganz schön fördern können.

Am 16.2.1971 brachte Leutnant Brederlow von der Abteilung XVIII in Potsdam den Beschluß zu Papier, den Ope-

Die sowjetischen Genossen gaben ihrerseits die Zusicherung, die vorhandenen inoffiziellen Möglichkeiten zu den operativ interessierenden westdeutschen Wissenschaftlern

Prof. ████████████ und
Dr. ████████

aus Göttingen zu nutzen und unserem Organ die Ergebnisse in schriftlicher Form zu übermitteln.

Die sowjetischen Genossen sind hilfreich.

rativ-Vorgang »Horoskop« einzustellen, unter anderem mit der Begründung: »In der weiteren Bearbeitung des Vorganges konnten die Hinweise einer feindlichen Tätigkeit der Astronomischen Gesellschaft bzw. deren Vorsitzenden, Prof. K., nicht verdichtet werden.« Na also, Freispruch aus Mangel an Beweisen.

Seit ich die Stasi-Akten kenne, drängt sich mir immer wieder ein lächerliches Bild auf: Bei der Prager Tagung hatten die amerikanischen Kollegen in einem großen Saal in der Universität Hunderte von Nahaufnahmen der Mondoberfläche, aufgenommen aus einer Umlaufbahn, als riesiges Mosaik auf den Boden aneinandergelegt und mit einer Plastikfolie überdeckt. Wer darüber hinweggehen und so einen Eindruck von der gesamten Mondoberfläche gewinnen wollte, mußte die Schuhe ausziehen. Da Alfred Weigert und ich lückenlos observiert wurden – ich stand ja unter dem Verdacht, ein Agent des Bundesnachrichtendienstes (BND) zu sein –, mußten unsere Bewacher uns auch über den Mond folgen.

... und sie kamen in Strümpfen.

Mein Satz, es stünde mir nicht zu, über die IMs den Stab zu brechen, weil ich nicht weiß, wie ich selbst in der DDR dem politischen Druck widerstanden hätte, hat mir viel Kritik eingebracht. Er wurde irrtümlich als eine Verharmlosung der Denunzierung durch die Stasi-Informanten gedeutet. Nein, ich meinte nicht: »Das mit den IMs war halb so schlimm, hätte mir auch passieren können.« Ich bezog mich nur auf mich selbst: Habe ich mich im Zweiten Weltkrieg aus Überzeugung nicht freiwillig gemeldet oder weil ich wußte, daß mich als Behinderten weder die Wehrmacht und erst recht nicht die Waffen-SS nehmen würde? Habe ich es der »Gnade der Körperbehinderung« zu danken, daß ich mich damals nicht schuldig gemacht habe? Hätte ich in der DDR den Zwängen der Stasi vielleicht nachgegeben? Wohl dem, der sich vorstellen kann, wie heldenhaft er sich unter einem Druck verhalten hätte, dem er selbst niemals ausgesetzt war. Er weiß es aber auch nicht sicherer als ich.

Völlig nutzlose Geistesakrobatik

Zu meinen Urlaubsfreuden zählt, fernab von Telefon, Fax, E-Mail und täglicher Post, endlich das deutsche Nachrichtenmagazin DER SPIEGEL in Ruhe lesen zu können. Im letzten Urlaub wurde meine Freude getrübt, als ich in der Ausgabe vom 24.8.1998 den Beitrag »Nobelpreis für Quatsch« las. Er berichtete über den internationalen Mathematiker-Kongreß, der in diesem Sommer in Berlin stattgefunden hat. Die Autorin/der Autor macht sich über die dorthin aus aller Welt angereisten Kapazitäten der verschiedensten Teilgebiete der Mathematik lustig, die anscheinend ihre Geisteskraft mit Problemen vertun, die niemanden interessieren und die ohne jeglichen praktischen Nutzen sind, wie zum Beispiel die Symmetrien in hochdimensionalen Räumen – völlig nutzlose Geistesakrobatik.

Wer immer den Artikel verfaßt hat, offensichtlich hat ihr/ihm niemand gesagt, daß unsere heutige Welt davon lebt, daß Mathematiker vor Jahrhunderten für die Mehrheit der Menschen unverständliche Gedankengebilde erfunden haben, die damals keinerlei praktischen Nutzen hatten – ein Erbe, von dem wir heutzutage zehren.

Isaac Newton (1638–1727)

136   Um Nachrichtensatelliten auf ihre Bahn zu bringen und auf ihr zu halten, verwenden wir die Himmelsmechanik. Sie wurde vor Jahrhunderten von Männern wie Isaac Newton und Simon Laplace entwickelt, allein um die Bewegungen der Planeten am Himmel zu verstehen, also für eine im praktischen Leben nutzlose Geistesakrobatik und keinesfalls für Satellitenfunk. Newton wußte nichts von der Telekom.

Als vor nahezu 200 Jahren die Hauptattraktion der Elektrizität noch immer darin bestand, Froschschenkel zucken zu lassen und auf Isolierschemeln stehende junge Damen elektrisch aufzuladen, um ihnen Funken aus der Nase zu ziehen, da suchte der englische Physiker Michael Faraday nach den Gesetzen, denen die Elektrizität gehorcht. Was er dabei aus reiner wissenschaftlicher Neugierde fand, hat die Welt später mehr beeinflußt als die Taten der größten Politiker.

In den zwanziger Jahren merkte der Franzose Louis de Broglie, daß sich Materieteilchen manchmal auch wie Wellen verhalten. Als der österreichische Physiker Erwin Schrödinger dem nachging, konnte er auf mathematische Erkenntnisse zurückgreifen, die nahezu zwei Jahrhunderte zuvor entwickelt worden waren, um das Verhalten von schwingenden Saiten zu verstehen. Und das nicht, um bessere Musikinstrumente zu bauen, sondern um weit über die praktische Anwendung hinaus »nutzlose Geistesakrobatik« zu betreiben. Auch als Werner Heisenberg zur gleichen Zeit wie Schrödinger auf die Quantenmechanik stieß,

Werner Heisenberg (1901–1976)

konnte er sich auf ein anderes »nutzloses« Produkt früherer Mathematiker-Generationen stützen, auf die Theorie der Matrizen. Die Quantenmechanik hat seither unser Leben umgestaltet. Ohne sie gäbe es keine moderne Elektronik, und ohne sie wäre zum Beispiel der SPIEGEL nicht im Internet.

Wußte der Autor oder die Autorin des unglückseligen Beitrages nicht, daß die Bank, auf die der SPIEGEL ihm/ihr das Honorar überweist, sein/ihr Konto mit einer Methode schützt, die auf die Erkenntnisse einer anderen, bis vor zwei Jahrzehnten »nutzlosen Geistesakrobatik« zurückgeht, der Zahlentheorie?

Die Forderung, weder Zeit noch Mittel auf Dinge zu verschwenden, die nicht sofort etwas einbringen, ist mir wohlbekannt. In der Zeit der 68er Revolution an den deutschen Hochschulen, als Anfangssemester die Wissenschaftler darüber belehrten, wie man Forschung betreibt, gab sogar die hehre Deutsche Forschungsgemeinschaft dem Druck der (akademischen) Straße nach. Sie forderte ihre Gutachter auf, bei der Beurteilung des möglicherweise zu fördernden Projektes auch die »gesellschaftspolitische Relevanz« zu bewerten.

Wir raufen uns die Haare, daß wir der Nachwelt eine verdreckte und verstrahlte Welt hinterlassen. Sieht eigentlich niemand die Gefahr, daß wir unseren Nachfahren eine in den mathematischen Grundlagen verödete Welt übergeben? Die Grundlagenforschung hat nur eine kleine Lobby, die Mathematik gar keine. Neugierde sehe ich als eines der Grundrechte des Menschen an, soweit sie nicht zu ethischen Konflikten führt. Anders als in Biologie und Medizin hat diese Einschränkung keine Bedeutung für die Mathematik und auch nicht für die Astronomie.

Im Urlaub schneide ich mir immer die wichtigsten Zeitungs- und Zeitschriftenartikel aus und werfe dann die Hefte weg. Im SPIEGEL vom 24. August 1998 war noch ein

138 anderer Beitrag, den ich zuerst übersehen hatte. In ihm wird die mangelnde Förderung der Grundlagenforschung in Deutschland beklagt. Dieser Beitrag beruhigte mich wieder. Ich hatte ihn erst am letzten Urlaubstag zufällig entdeckt. Glücklicherweise hatten wir dieses Heft nicht weggeworfen. Meine Frau hatte damit jeden Abend vor dem Zubettgehen die Fliegen erschlagen.

Der Kongreß, über den der erwähnte SPIEGEL-Artikel berichtete, wurde von einer Ausstellung begleitet, die im wesentlichen der Gießener Mathematikprofessor Albrecht Beutelspacher zusammengestellt hatte und in der die bei vielen von der Schule her verpönte Mathematik einem großen Kreis von Laien nähergebracht werden sollte. Der Titel: »Mathematik zum Anfassen« – der SPIEGEL-Redakteur hatte in seinem Beitrag daneben gefaßt. Aber als Beutelspacher, der unermüdlich Schulen bereist und sich auch nicht zu schade ist, vor Kindern Handpuppen über das Unendliche diskutieren zu lassen, im Herbst 2000 mit dem Communicaturpreis der Deutschen Forschungsgemeinschaft ausgezeichnet wurde, lobte ihn auch der SPIEGEL. Es ist gut zu wissen, daß unsere Medien lernfähig sind.

Die 1 ist tot – lang lebe die 1!

Unsere Geschichtsbücher bevorzugen die 1. Der Wikinger Leif Erikson betrat die amerikanische Ostküste, Wilhelm der Eroberer zog nach England, Galilei entdeckte in seinem Fernrohr die Jupitermonde, die letzte totale Sonnenfinsternis des vergangenen Jahrhunderts zog ihren Totalitätsstreifen quer durch Europa, und immer begann die Jahreszahl mit einer 1.

Die Sonderstellung in der Jahreszahl mußte die Ziffer 1 nun an die 2 abgeben, doch nur bei der Jahreszahl. Kaum jemand weiß, welch besondere Stellung die Ziffer 1 auch weiterhin innehat. Auch in der Zukunft wird sie bevorzugt an der ersten Stelle der Zahlen zu finden sein.

Es ist kaum zu glauben: Nehmen Sie aus der Tageszeitung die Werte der Aktien vom Vortage und zählen Sie, wie oft die 1 an erster Stelle steht. Bei Zahlen mit Nullen am Anfang, etwa bei 0.0234 nehmen Sie die erste von 0 verschiedene Ziffer. Auf Anhieb würde man erwarten, daß die so gewonnenen Ziffern sich gleichmäßig auf die Zahlen 1 bis 9 verteilen, daß also nur in etwa 11 % der Fälle die 1 an erster Stelle steht. Doch prüfen Sie nach: Wenn Sie eine hinreichend große Anzahl von Ak-

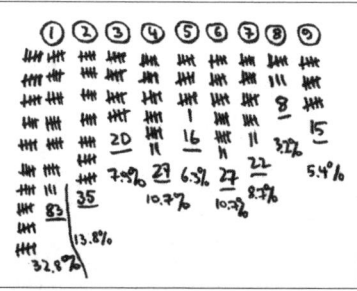

Eine Strichliste für die Überhäufigkeit der Ziffern 1 bis 9 an erster Stelle.
Das Ergebnis ist bei allen »Alltagszahlen« sehr ähnlich.

140 tienwerten haben, beginnen an die 30 % der Zahlen mit einer 1. Die 2 steht in etwa 18 % der Kurse ganz vorne, und je größer die Ziffer, um so seltener tritt sie an die erste Stelle. Die 8 und die 9 schaffen jeweils nur 4 % bis 5 % der Fälle. Ich habe in meinem letzten Urlaub 1046 deutsche Aktienwerte abgezählt. Nicht 11 %, sondern nahezu dreimal so viel, nämlich 28,8 %, begannen mit einer 1, 18,8 % mit einer 2 und nur 4,6 % mit einer 9. Dann habe ich eine französische Zeitung genommen. Auch die in Franc angegebenen Werte von 278 französischen Aktien begannen in 29 % der Fälle mit einer 1. Und jetzt kommt die Überraschung: In der gleichen Tabelle waren auch die Kurse derselben Aktien in Euro aufgeführt. Davon begannen wiederum überhäufig viele, nämlich 32,8 %, mit einer 1! Natürlich waren es nach der Umrechnung andere Aktien als bei den Kursen in Franc. Ich habe aus einem astronomischen Tabellenwerk die Flächen der 89 Sternbilder in Quadratgrad herausgenommen: 28 % von ihnen beginnen mit einer 1! Auch eine Tabelle von 97 Beta-Zerfallszeiten radioaktiver Atomkerne enthält 27 Kerne, deren Zerfallszeiten in Sekunden mit einer 1 beginnen, das sind 27,8 %!

Diese Merkwürdigkeit ist den Mathematikern seit langem bekannt. Als erster merkte es Simon Newcomb, damals gewissermaßen der Papst der amerikanischen Astronomen.

Ihm fiel auf, daß in seiner Institutsbibliothek die ersten Seiten der Logarithmentafeln viel stärker abgegriffen waren als die anderen. Daraus schloß er, daß im praktischen Leben die Zahlen mit einer niedrigen Anfangsziffer häufiger vorkommen als die mit einer 8 oder 9 beginnenden. Er gab sogar das mathemati-

Simon Newcomb (1835–1909)

sche Gesetz an, nach dem die Häufigkeiten der ersten Ziffern in den Zahlen des praktischen Lebens verteilt sind*. Doch Newcombs Arbeit aus dem Jahre 1881 geriet in Vergessenheit. Erst 57 Jahre später entdeckte der amerikanische Physiker Frank Benford die merkwürdige Häufigkeitsverteilung der ersten Ziffern neu, ohne von Newcombs Arbeit zu wissen. So spricht man heute von Benfords Gesetz. Seither versuchen Mathematiker, es zu beweisen. Die Schwierigkeit besteht vor allem darin, daß nicht klar ist, welche Zahlenmengen nach dem Benfordschen Gesetz verteilt sind. »Zahlen des täglichen Lebens«, das ist eben ein schwammiger Begriff. Sicherlich sind sie keine Zufallszahlen. Diese können Sie zum Beispiel mit einem Hut erzeugen, indem Sie zehn Zettelchen mit den Ziffern 0 bis 9 hineinwerfen, dann einen Zettel willkürlich herausnehmen, die Ziffer notieren, ihn wieder zurückwerfen, schütteln, danach einen neuen Zettel nehmen und so fortfahren. Auf diese Weise erhalten Sie eine willkürliche Folge von Ziffern, die Sie etwa zu fünfstelligen Zufallszahlen zusammenfassen können. Die ersten von Null verschiedenen Ziffern jeder Zahl treten mit Wahrscheinlichkeiten von 11 % auf. Das Benfordsche Gesetz gilt eben nicht für Zufallszahlen. Es hat auch keine Bedeutung für Zahlen, die um einen Richtwert streuen, etwa die Preise mitteldicker Bücher, Preise, die in Deutschland mit einer 3 oder einer 4 beginnen und in Österreich meist mit einer 2. Das von Newcomb entdeckte und nach Benford benannte Gesetz gilt für Zahlen, die durch Rechenoperationen, etwa durch Addition oder Multiplikation mit zufälligen Zahlen, entstanden sind. Ich weiß, das ist recht vage ausgedrückt,

---

* Für Mathematik-Freaks: Das von Newcomb gefundene Gesetz besagt, daß die Mantissen (Ziffernfolgen nach dem Komma) der Zehner-Logarithmen der im praktischen Leben vorkommenden Zahlen gleichmäßig zwischen 0 und 1 verteilt sind.

142   aber so ist es. Ich habe mit dem Computer herumgespielt und ließ ihn drei Zufallszahlen erzeugen, multiplizierte sie miteinander und machte das 100 000mal. Die 1 stand dann in 30% der Fälle an der ersten Stelle des Ergebnisses. Ich habe auch addiert und quadriert, die 1 war nicht totzukriegen!

Die Sonderstellung der 1, die sie natürlich unserem Zehnersystem verdankt, kann auch im praktischen Leben von Bedeutung sein. Es würde auffallen, wenn jemand für die Zahlenreihen seiner Steuererklärung mit Hut und Zettelchen oder mit seinem PC Zufallszahlen erzeugte, denn die Zahlen des täglichen Lebens sind eben nicht zufällig verteilt, sondern folgen dem Benfordschen Gesetz. In den USA werden zur Zeit Finanzbeamte geschult, Zahlenreihen daraufhin zu prüfen, ob sie dem vom Astronomen Simon Newcomb entdeckten Gesetz genügen. Vielleicht schließen sich dem irgendwann auch Europas Finanzämter an. Mogeln Sie in Ihrer Steuererklärung also nie mit Zufallszahlen!

Folgen Sie statt dessen dem Dortmunder Mathematiker Walter Krämer und wetten Sie im Bekanntenkreis um jeweils 10 DM, daß die erste Ziffer der ersten Zahl auf einer willkürlich aufgeschlagenen Seite einer Zeitung kleiner ist als 4. Zur Sicherheit schließen Sie Jahreszahlen und Telefonnummern aus, die folgen dem Benfordschen Gesetz nicht. Wahrscheinlich wird Ihr Partner darauf eingehen, denn bei Zufallszahlen beginnen nur 33% mit 1, 2 oder 3. Doch in 57% der Fälle werden Sie erfolgreich sein. Wetten Sie tausendmal, dann gewinnen Sie etwa 570mal und verlieren 430mal. Reingewinn: 1400 DM.

... und die verdanken Sie dem Astronomen Newcomb.

Der eingebaute Astronom

Nie hätte ich gedacht, daß ich im Alter noch einmal zum Liebhaber werden würde. Ja früher, als ich noch jung war, damals im Internat, habe ich in so mancher Nacht kaum ein Auge zugetan. Aber als mein Freund Wolfgang und ich einmal vom Fenster unserer Schlafstube ein Minimum des veränderlichen Sterns Algol beobachten wollten und dazu in halbstündigem Abstand die Helligkeit des Sterns durch Vergleich mit benachbarten Sternen schätzen wollten, übermannte uns doch der Schlaf, denn wir hatten keinen Wecker. Als wir nach der zweiten Helligkeitsschätzung aufwachten, schien die Sonne bereits ins Zimmer.

Damals besaß ich ein selbstgebautes Fernrohr, von dem ich weiter oben schon erzählt habe. Damit machte ich meine erste Entdeckung. Als ich den Tubus auf ein helles Gebiet in der Milchstraße im Sternbild Scutum richtete, sah ich einen nebligen Fleck. Jeder Amateurastronom weiß, daß Nebelflecken im Fernrohr Kometen sein können und daß sie den Namen des Erstentdeckers bekommen. Ich hatte einen Kometen entdeckt! Ich freute mich schon auf das Gesicht meines Lateinlehrers, wenn in der Zeitung plötzlich vom Kometen *Kippenhahn* die Rede sein würde. Da würde sich der Alte wohl überlegen, ob er mir auf die nächste Lateinarbeit wieder einen Fünfer geben sollte. Kometen bewegen sich im Laufe von Tagen und Wochen langsam über den Himmel. Am nächsten Tag stand mein Komet aber noch immer an der gleichen Stelle. Offensichtlich bewegte er sich

144 sehr langsam. Die Wirren des Kriegsendes hinderten mich daran, ihn weiterzuverfolgen. Später sagte mir jemand, daß in der Himmelsgegend, in der ich meinen Kometen entdeckt hatte, der Sternhaufen M11 steht, der in kleinen Fernrohren nur als nebliges Wölkchen zu erkennen ist – und so vergaß ich das Ganze wieder.

Mehr als ein halbes Jahrhundert verstrich. Ich war inzwischen Profiastronom geworden, hatte am Computer Sternmodelle berechnet und Bücher über Sonne und Sterne geschrieben, beobachtet habe ich nur wenig. Doch vor einigen Wochen bekam ich einen Cassegrain-Schmidt-Fünfzöller, den NexStar 5. Ich mußte nicht soviel Geld anlegen wie beim Kosmos-Linsensatz. Ich habe ihn geschenkt bekommen. Jetzt bin ich wieder Liebhaberastronom.

Der Name NexStar sagt schon alles: Man drückt aufs Knöpfchen, und der nächste Stern steht mitten im Gesichtsfeld. So einfach ist das – oder fast so einfach. Das Gerät ist voll computerisiert, oder – wie der Hersteller anzeigt – es ist ein Fernrohr mit eingebautem Astronom. Da ich in den vergangenen Jahrzehnten versäumt hatte, die Neuentwicklungen in der Welt der Amateurastronomen zu verfolgen, war ich völlig überrascht, als ich merkte, was das Gerät alles kann.

Das Einjustieren ist einfach: Ich richte das in unserem

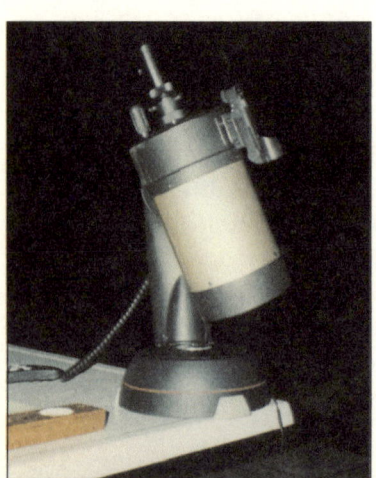

Garten auf einem Tisch stehende Gerät in etwa nach Nord-Süd und schalte die Stromversorgung ein. Als erstes verlangt der eingebaute Kollege, daß der Tubus waagrecht steht. Dazu genügt eine Wasserwaage. Zwei Sterne reichen dann aus, das Gerät zu justieren. Arktur steht hoch im Südosten. Ich wähle

Mein Fernrohr sucht von Göttingen aus die Große Magellansche Wolke am Südhimmel.

ihn aus dem im Gerät gespeicherten Katalog und richte das
Fernrohr auf den Stern. Ich muß ihn nun in die Bildmitte
bringen und die Eingabetaste drücken. Nun werde ich auf-
gefordert, einen zweiten Stern zu wählen und einzustellen.
Im Westen steht Regulus. Ich wähle ihn aus dem Katalog,
bringe ihn in die Mitte des Gesichtsfeldes und drücke die
Eingabetaste. Der eingebaute Astronom weiß jetzt, wie das
Teleskop relativ zu den Sternen steht, das Gerät ist justiert,
und das Geräusch des Motors sagt mir, daß die Nach-
führung läuft.

Was dann kommt, habe ich noch nie erlebt: Der eingebaute Kollege hat die Koordinaten von 18000 Objekten im
Kopf, darunter Listen von hellen Sternen, von Doppelster-
nen, von veränderlichen Sternen, von Objekten in bekannten Katalogen, etwa dem von Messier mit seinen 110 Gas-
nebeln, Sternhaufen und Galaxien. Alles, was am Himmel
gut und teuer ist, kann ich per Knopfdruck einstellen:
Krebsnebel, Hinds veränderlichen Nebel im Monoceros
und den Pferdekopf im Orion. Den Ringnebel in der Leier,
der im Osten gerade hochkommt, bekomme ich auf Anhieb
ins Bild. Auch die Jagdhundegalaxie M51 erscheint auf
Knopfdruck. Ihre Spiralstruktur kann ich im Fünfzöller
natürlich nicht erkennen. Eine Schwierigkeit: Manche
Sterne der Datenbank sind mit ihren arabischen Namen aufgeführt. Da habe ich nun ein ganzes Leben lang den inneren
Aufbau der Sterne studiert und herauszufinden versucht,
wie die Sterne in ihrem Inneren aussehen, und jetzt weiß ich
nicht, wie sie von außen heißen.

Doch nicht nur Objekte aus den gespeicherten Katalogen
kann ich einstellen, ich darf auch Koordinaten eingeben und
mir die entsprechende Stelle am Himmel zeigen lassen.
Nachdem das meiste einigermaßen geklappt hat, tippe ich
jetzt im Übermut die Koordinaten der Supernova SN1987A
ein. Was der eingebaute Kollege wohl tut, wenn er mir
von Göttingen aus die Große Magellansche Wolke zeigen

146 soll, in der vor etwa 15 Jahren eine Supernova aufleuchtete? Der Tubus bewegt sich unter den Horizont und blickt am Ende auf die Platten unserer Terrasse, etwa in Richtung der Wurzeln der Ebereschen im Garten. Aus dieser Richtung also müssen damals am 23. Februar 1987 die Neutrinos von der Supernova gekommen sein. Sie kamen mitten durch den Erdkörper von unten her auf unser Grundstück.

Nicht alles klappte bisher gleich auf Anhieb. Doch schon bei Shakespeare steht: »Die Schuld, Brutus, liegt nicht bei den Sternen, sie liegt bei uns.« Tatsächlich, wenn beim automatischen Einstellen etwas nicht funktionierte, lag der Fehler immer bei mir.

Was hat es nun mit dem von mir vor 55 Jahren entdeckten Kometen auf sich? Letzte Nacht tippte ich M11 im gespeicherten Messier-Katalog an. Der eingebaute Astronom richtete das Teleskop auf die Scutumwolke im Osten, und ich sah, daß der Sternhaufen M11 genau dort steht, wo ich als Schüler meinen Kometen entdeckt hatte.

... und so ist es wohl kein Komet gewesen.

Der Sternhaufen M11 im Sternbild Scutum (Schild).

4. Kapitel

Geschichten vom Weltall

Der grüne Strahl

Haben Sie ihn schon einmal gesehen? Es ist verwunderlich, daß so wenige Menschen von ihm wissen. Dabei ist er gar keine so große Seltenheit. Ich habe nur zweimal gezielt mit dem Feldstecher nach ihm Ausschau gehalten, und beide Male habe ich ihn beobachten können. Der holländische Astronom Marcel Minnaert berichtete, daß er ihn auf der Fahrt von Indien in seine Heimat mehr als zehnmal vom Schiff aus gesehen hat. Wenn man Gelegenheit hat, einen Sonnenuntergang über dem Meer zu beobachten, aber auch wenn der Rand der Sonnenscheibe in der Frühe über die Kimm kommt, dann sollte man auf den grünen Strahl achten. Meist ist es gar kein Strahl, doch auch im Französischen spricht man vom *rayon vert*. Im Englischen nennt man ihn *green ray,* aber auch *green flash*. Aber ein flash, ein Blitz, ist er nun auch wieder nicht.

Stellen Sie sich vor, Sie stünden bei Sonnenuntergang an der Reling eines Schiffes und beobachteten die Sonne, während sie sich langsam dem Horizont im Westen nähert. Je tiefer sie sinkt, um so röter erscheint sie. Das rührt daher, daß ihr Licht nun niedrige, mit Staub erfüllte Luftschichten durchdringen muß, ehe es Sie erreicht. Außerdem bekommt die Sonnenscheibe, die zuvor hoch oben am Himmel kreisrund erschien, eine elliptische Form. Ihre Breite ist größer als ihre Höhe. Das rührt von der *Refraktion* her, der Lichtbrechung in der Luft. Die nach unten dichter werdende Erdatmosphäre verbiegt die Lichtstrahlen. Deshalb scheint der Stern für uns höher zu stehen als in Wirklichkeit.

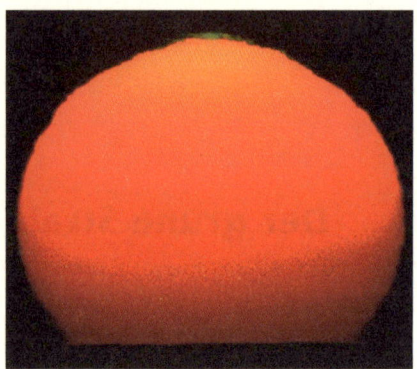

Wegen der für verschiedene Farben verschieden starken Lichtbrechung zeigt die untergehende Sonne am oberen Rand einen grünen Saum (Aufn. J. C. Casado).

Das berücksichtigen die Astronomen bei ihren Messungen, und als die Kapitäne ihr Schiff noch nach den Sternen navigierten, war die Berücksichtigung dieses Effektes wichtig. Je tiefer ein Stern steht, um so stärker »hebt« die Refraktion sein Bild über den Horizont. In dessen Nähe beträgt sie mehr als eine Vollmondbreite. Deshalb können wir Sonne und Mond noch sehen, wenn sie bereits hinter dem geometrischen Horizont untergegangen sind. Betrachten wir nun den obersten und den untersten Punkt der untergehenden Sonnenscheibe. Da der unterste Punkt stärker gehoben wird als der oberste – er steht ja näher am Horizont und der von ihm zu uns kommende Lichtstrahl wird stärker gebogen –, erscheint uns die Sonnenscheibe in der Höhe verkürzt, also breiter als hoch. Da die Lichtbrechung in

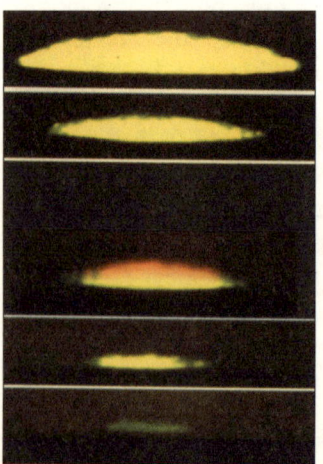

verschieden dichten übereinanderliegenden Luftschichten verschieden stark ist, wird das Bild der sich rot dem Horizont nähernden Sonne verzerrt, horizontale Streifen geben dem Rand der Scheibe eine Stufenstruktur. Nahe am Horizont kann es sogar vorkommen, daß Teile der Scheibe wie von ihr losgelöst erscheinen.

Verschiedene Phasen des Sonnenunterganges. Am Ende sieht der Beobachter nur noch den grünen Saum des oberen Sonnenrandes.

Doch die Refraktion ist für Licht verschiedener Wellenlängen verschieden stark. Das kurzwellige blaue und grüne Licht wird stärker verbogen als das langwellige rote. Als Folge davon sehen wir die Sonnenscheibe im kurzwelligen Licht geringfügig höher über dem Horizont stehen als im langwelligen Licht. Deshalb besitzt die Sonne am oberen Rand einen blaugrünen, am unteren Rand einen roten Saum. Normalerweise

Jules Verne (1828–1905)

sehen wir das nicht, denn die farbigen Ränder gehen im grellweißen Licht der Sonnenscheibe und in dem von ihr erleuchteten Himmelshintergrund unter. Wenn aber die Sonne nahezu vollständig untergegangen ist und nur noch der obere Rand ihrer Scheibe über den Horizont ragt, können wir den blaugrünen Schimmer für kurze Zeit wahrnehmen.

Merkwürdigerweise gibt es keine alten Berichte über diese Erscheinung. Mit Sicherheit hat ihn der Sonnenphysiker William Swan am 13. September 1865 gesehen, doch erst 18 Jahre später brachte er das zu Papier. Swan hatte Rang und Namen. Er war einer der ersten, die die Existenz von Natrium auf der Sonne nachwiesen. Auch James Prescott Joule hat ihn um 1889 gesehen. Wir kennen Joule heute von der nach ihm benannten Energieeinheit: Wer abnehmen will, achtet entweder auf

Das Titelbild der deutschen Ausgabe des Romans von Jules Verne.

152 die Kalorien oder auf die Joule, die er aufnimmt. Nahe am Meer lebende Bewohner müssen den grünen Strahl schon viel früher wahrgenommen haben. Einer schottischen Legende nach soll sich derjenige, der ihn gesehen hat, in Herzensangelegenheiten nie mehr irren.

Die Öffentlichkeit und die meisten Gelehrten wurden erst durch einen Roman auf die Erscheinung aufmerksam, den Jules Verne, der Vater der Science-fiction-Literatur, im Jahre 1882 veröffentlichte: *Le rayon vert (Der grüne Strahl)*. Er knüpft an die erwähnte schottische Legende an. Helena Campell, eine junge Schottin, liest in einem Zeitungsartikel von der Erscheinung und will den grünen Strahl sehen, ehe sie die Ehe mit dem Mann eingeht, den die Familie für sie ausgesucht hat, einen weltfremden Mathematiker und Physiker. Die Reise zur See wird angetreten, doch fast täglich geht etwas schief. Einmal kann man den Meereshorizont nicht sehen, dann wieder herrscht schlechtes Wetter. Auf der Reise trifft die Gruppe auf einen jungen Mann, Olivier Sinclair, und der Leser weiß schon, daß er der Erwählte sein wird. Auf Seite 173 der deutschen Erstausgabe ist es dann endlich soweit. Das Wetter ist gut, der Blick zur See nach Westen ist frei, und die Sonne senkt sich langsam zum Horizont. Diesmal wird Helena den grünen Strahl sehen! Was dann kam, muß dem Leser vor mehr als einem Jahrhundert ans Herz gegangen sein: Gerade in diesem Augenblick schauen sich Olivier und Helena in die Augen, und da funkt es zwischen den beiden. Als sich Helena aufrafft und den Blick von Oliviers Augen wendet, ist der grüne Strahl bereits wieder verschwunden.

... und so verpaßte sie ihn.

> Aber Helena hatte den schwarzen Strahl gesehen, den die Augen des jungen Mannes blitzten, und Olivier hatte den blauen Strahl gesehen, der von den Augen des jungen Mädchens ausging.
> Die Sonne war untergegangen. Weder Olivier noch Helena hatten den Grünen Strahl gesehen.

Die entscheidende Stelle im Roman: Helena und Olivier verpassen den Strahl.

Die Irrlichter des Mondes

Der Admiral glaubte, seinen Augen nicht trauen zu können. Vielleicht war er nur zu aufgeregt? Immerhin war die totale Sonnenfinsternis, die er vom Schiff aus an jenem 24. Juni des Jahres 1778 im Atlantik beobachtete, ein ungewöhnliches Ereignis. Zwar hatte Don Antonio del Ulla schon gewußt, was ihn dabei erwartete, doch was er dann auf der schwarzen Scheibe des Mondes sah, die sich vor die Sonne geschoben hatte, davon hatte noch kein früherer Beobachter berichtet. Selbst in Zürich konnten es die Leser in ihrer Zeitung lesen: »... ehe sich die Sonne wieder sehen ließ, sah man auf dem Mond einen lichten Punkt ... Don Antonio behauptet, daß dieser Punkt ein Loch im Mond sei, wodurch er die Sonne gesehen habe.« Fünf Jahre danach sah William Herschel in England, der beste Beobachter seiner Zeit, von dem weiter oben schon die Rede war, auf der unbeleuchteten Seite des Mondes einen roten Lichtpunkt. Später hat er in zwei aufeinanderfolgenden Nächten noch dreimal Lichter in der Mondnacht gesehen, die er für Mondvulkane hielt. In der Literatur findet man immer wieder Berichte über Leuchterscheinungen auf der Schattenseite des Mondes. So wollen mehrere Beobachter im November des Jahres 1540 auf ihr Lichtpunkte gesehen haben. Der deutsche Astronom Johann Hieronymus Schröter, der Erbauer der berühmten Sternwarte Lilienthal bei Bremen, sah bei seiner Mondbeobachtung am 15. Oktober 1789 Lichterscheinungen mitten im Mare Imbrium (vgl. S. 129), das zu dieser Zeit im Schatten lag. Der Astronom Edward S. Holden von der Lick-Stern-warte in Kalifornien sah in der Nacht des 15. Juli 1888 in den südlichen Ausläufern der Alpen, die an diesem Tag auf der Nachtseite des Mondes lagen, einen hellen Punkt. Die Literatur der letzten Jahrhunderte enthält viele Meldungen über helle Blitze am Mond, weit über 1000, wenn auch die meisten von ungeübten Beobachtern stammen, die vielleicht einem Irrtum erlegen sind, vielleicht einen Reflex im Fern-rohr für eine reale Erscheinung gehalten haben.

Waren es Vulkanausbrüche? Dagegen spricht, daß auf der Mondoberfläche keine Spuren frischer Lava zu finden sind. Waren es Meteore, die auf den Mond trafen, beim Aufprall ihre Bewegungsenergie in Wärme verwandelten und sich selbst und den Mondboden am Auftreffpunkt zur Weißglut brachten? Beobachtungen wie die von Herschel, Schröter und Holden, die länger andauernde Lichter gesehen haben, sprechen dagegen. Wahrscheinlich haben die in der Mond-nacht beobachteten Lichter, soweit sie überhaupt real sind, verschiedene Ursachen.

Die kurzen Lichtblitze stammen von Meteoriteneinschlä-gen auf dem Mond. Doch das wissen wir erst seit dem 18. November 1999. In dieser Nacht durchkreuzte die Erde den Meteoritenschwarm der *Leoniden*. Er heißt so, weil für den Beobachter auf der Erde seine Sternschnuppen aus dem Sternbild des Löwen, *Leo*, zu kommen scheinen. Diese Steinbrocken haben sich von dem im Jahre 1865 entdeckten Kometen Temple-Tuttle gelöst und fliegen jetzt hinter ihm her. In der zweiten Novemberhälfte jeden Jahres kommt die Erde nahe an dieser Kometenbahn vorbei, viele Kometen-trümmer verglühen in der Erdatmosphäre. Die dabei beob-achteten Meteorschauer der Leoniden sind von Jahr zu Jahr verschieden eindrucksvoll, denn der Kometenabfall ist nicht gleichförmig über die Bahn verteilt. Im November 1999 flog die Erde durch eine besonders dichte Wolke. Zwar war in Mitteleuropa zur Zeit des Höhepunktes fast überall schlechtes Wetter, doch in den Mittelmeerländern bot sich ein großartiges Schauspiel. Ein Beobachter aus Malaga berichtet von 69 Sternschnuppen in der Minute. Selbst erfahrene Meteorbeobachter waren begeistert, weil sie zuvor noch nie einen so eindrucksvollen Meteorschauer erlebt hatten. Das war um 2 h Weltzeit.

In Houston in Texas war es zu dieser Zeit 19 h. Schon zwei Stunden zuvor hatte der Amateurastronom Brian Cudnik begonnen, mit einem 14-Zöller den Mond zu beobachten. Gegen 21 h 46 texanischer Zeit sah er einen Lichtblitz auf der unbeleuchteten Seite des Mondes, nicht weit vom Krater *Cardanus*. Ein weiteres Irrlicht auf dem Mond? Zur gleichen Zeit machte David E. Dunham in Maryland in den USA Videoaufnahmen vom Mond durch seinen 5-Zöller. Da war auch Cudniks Blitz zu sehen. Das Videoband zeigte später mehrere Blitze. Da jeder nur auf einem Einzelbild zu sehen ist, kann man schließen, daß die Blitze nicht länger als 1/30 Sekunde dauerten. Seither steht fest: Die Mondblitze sind reale Erscheinungen. Computersimulationen legten nahe, daß jeder der Meteoriten einige 100 Gramm gewogen hat. Als sie mit

Die Stellen am Mond, an denen am 18. November 1999 Lichtblitze von Meteoriten des Leonidenstromes beobachtet worden sind. (Aufn. Alfred Palmer, LHEA/GSFC)

71 km/s aufprallten, schlugen sie Krater von etwa einem Meter Durchmesser in den Mondboden – zu klein, um von der Erde aus wahrgenommen zu werden.

Doch die Oberfläche des Mondes ist auch mit großen Einschlagskratern übersät. Die zugehörigen riesigen Meteoriten, die von irgendwo aus dem Sonnensystem gekommen sind, müssen stets ein eindrucksvolles Feuerwerk an den Himmel gezaubert haben. Ein spektakuläres Ereignis scheint sich am 18. Juni 1178 des alten Julianischen Kalenders abgespielt zu

156 haben. Die mittelalterlichen Chroniken des Gervase von
Canterbury berichten: »In diesem Jahr ... als der Mond gerade wieder zu sehen war, beobachteten fünf oder mehr Männer ... ein wunderbares Phänomen. Der Neumond schien
hell, und plötzlich teilte sich sein oberes Horn. Vom Mittelpunkt der Teilung sprang eine flammende Fackel empor, die
über eine beträchtliche Entfernung Feuer und ... Funken aus-
spie.« Als der amerikanische Astronom Jack B. Hartung vor
etwa 20 Jahren diesem Bericht auf den Grund gehen wollte,
bemerkte er am Mond in der Nähe der betreffenden Stelle ein
Streifensystem, das im Krater Giordano Bruno zusammen-
läuft, ähnlich dem Strahlensystem des Mondkraters Tycho.
Der Krater Giordano Bruno ist nach dem Philosophen und
Dominikanermönch benannt, den die Inquisition im Jahre
1600 in Rom als Ketzer verbrannte. Es gibt Hinweise darauf,

*In der Geschichte des
Mondes sind zahlreiche
Brocken aus dem Welt-
all auf dem Mond auf-
geschlagen und haben
Krater erzeugt, die dort
in einer Welt ohne Luft
und Wasser über Milliar-
den Jahre erhalten blei-
ben.*

daß es sich dabei um den jüngsten größeren Mondkrater handelt. Von der Erde aus liegt er zwar hinter dem Mondrand, doch die Fontänen, in denen beim Einschlag der glühende Auswurf nach oben geschleudert wurde, müssen über den Mondrand hinausgeschossen sein und das beobachtete »wunderbare Phänomen« hervorgerufen haben.

Einschläge auf dem Mond, die ein Loch von etwa 1 km Durchmesser erzeugen, erwartet man nur alle 20000 Jahre. Krater von 20 km Durchmesser gar, wie *Giordano Bruno*, sollten im Mittel nur alle 3 Millionen Jahre entstehen. So unwahrscheinlich es auch ist: Vor nur etwa 900 Jahren hat ein großer Meteorit einen solchen Mondkrater geschaffen.

… und dafür gibt es sogar Augenzeugen.

Die amerikanische Astronomie-Zeitschrift *Sky and Telescope* berichtete im Juni 2001, daß Paul Withers von der Universität von Arizona Zweifel an der Deutung der 1178 am Mond beobachteten Erscheinung anmeldet: Bei der Entstehung des Kraters *Giordano Bruno* müssen seiner Meinung nach an die 10 Millionen Tonnen Mondmaterie in den Raum geschleudert worden sein. Auf der Erde hätten dann eine Trillion heller Meteore wochenlang den Nachthimmel erleuchtet. Darüber gibt es aber keinerlei Berichte. Außerdem legen neuere Messungen der Mondsonde *Clementine* nahe, daß der Krater älter ist als 900 Jahre.

Das Weltall in der Christbaumkugel

Die Idee geht auf ein bereits 1870 in den USA erschienenes Buch des Homöopathen Cyrus Reed Teed zurück. Etwa 70 Jahre später lag *Das neue Weltbild* von Johannes Lang in

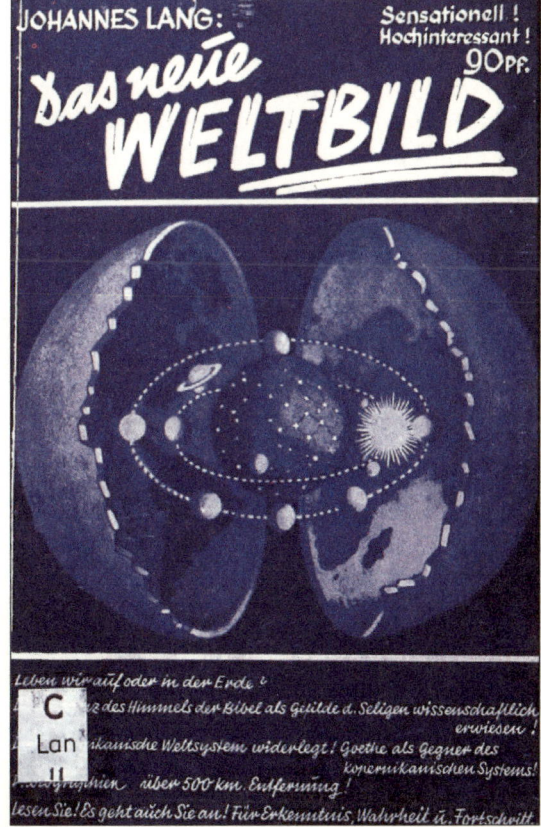

Das neue Welt-
bild *von
Johannes Lang
erschien vor
60 Jahren.*

160 den Schaufenstern der deutschen Buchhandlungen. Nach ihm leben wir auf der Innenseite einer Hohlkugel. Das ganze Weltall ist in das Innere der Erdoberfläche gepackt. Bezweifeln Sie das, weil bei einem über die Kimm kommenden Schiff zuerst der Aufbau sichtbar wird und dann, wenn das Schiff näher kommt, auch der Schiffsrumpf, der vorher wegen der Kugelform der Erde noch unter dem Horizont verborgen war? So einfach ist die Hohlwelttheorie nicht zu widerlegen, denn in der Hohlwelt geht das Licht längs krummer Linien, und auch in ihr kommt die Mastspitze zuerst über die Kimm. Zwar erscheint einem Astronauten die Erde vom Raum aus als Vollkugel, doch nach der Hohlwelttheorie ist das nur ein Zerrbild, von krummen Lichtstrahlen erzeugt.

Weil das Licht krumme Wege geht, sind in der Hohlwelt auch die Entfernungsbestimmungen der Astronomen falsch. Die Sterne sitzen auf einer schwarzen Kugel im Zentrum. Sonne, Mond und Planeten umkreisen die Fixsternkugel. Steht für einen Beobachter in der Hohlwelt die Sonne davor, so hat er Tag. Werfen die krummen Lichtstrahlen den Schatten der schwarzen Kugel auf den Beobachter, so hat er Nacht.

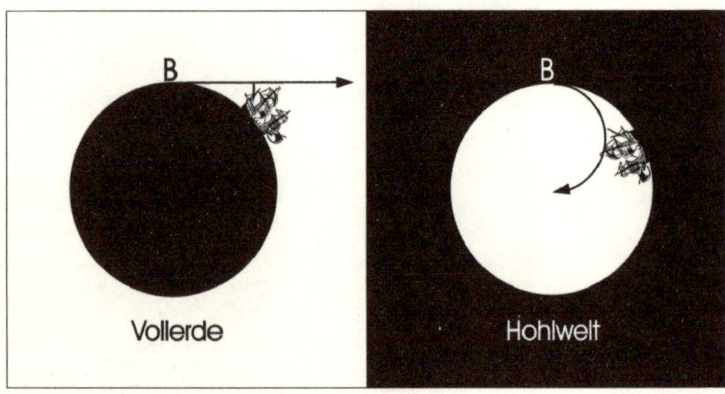

Von einem am Horizont auftauchenden Schiff sieht der Beobachter B im Weltbild der Vollerde die Mastspitzen zuerst.
Aber auch in der Hohlwelt mit ihren krummen Lichtstrahlen erscheinen zuerst die Spitzen der Masten.

Die Vertreter der Hohlwelttheorie klammerten sich auch an einige »Beweise«. Da sollen zwei Lote, die nebeneinander in einem Bergwerk hängen, nach unten auseinanderweisen und nicht gemeinsam auf den Erdmittelpunkt zielen, wie es bei einer Vollerde sein muß. Diese und andere Beobachtungen wurden zwar immer wieder ins Feld geführt, sie zählen aber zur Klasse der nicht reproduzierbaren Experimente.

Vor einigen Jahren erfuhr ich, daß sich auch der österreichische Physiker Roman Sexl (1939–1986) damit auseinandergesetzt hat. Er glaubte natürlich nicht an die Hohlwelt, er wollte nur zeigen, daß sie in sich ebenso widerspruchsfrei ist wie unser gängiges Weltbild und daß sie experimentell weder bewiesen noch widerlegt werden kann. In seinem Modell erscheint das Weltall wie beim Blick auf eine Christbaumkugel. Jeder Punkt des Außenraumes bekommt einen Spiegelpunkt, der im Inneren der Kugel zu liegen scheint. Die Mathematiker sprechen von einer *Abbildung durch reziproke Radien.*

Stellen Sie sich die Erdoberfläche vor. Betrachten Sie einen Punkt P im Weltall in einem Abstand von x Erdradien. Verbinden Sie P mit dem Erdmittelpunkt und denken Sie sich auf dieser Geraden den Spiegelpunkt im Abstand von 1/x Erdradien von diesem Zentrum gezeichnet. Je weiter draußen der Punkt liegt, desto näher liegt sein Spiegelbild am Mittelpunkt der Erde. So können Sie die gesamte Außenwelt in das Kugelinnere abbilden. Wenn Sie das ganze Weltall auf diese Weise in die Kugel hineinspiegeln, häufen sich die fernen Sterne in der Mitte. Aus Geraden werden Kreisbögen, die durch die Mitte gehen, auch die Skalen der Winkelmesser sind in der Hohlwelt verzerrt. Die Planeten und Sonne und Mond kreisen um die Anhäufung von Sternen und Sternsystemen in der Mitte. Der Mond ist ein kleiner Körper von nur einem Kilometer Durchmesser und gar nicht so weit weg. Wie argumentieren Sie, wenn ich sage: Das ist die wahre Welt und nicht die der Vollerde? Die

162   Apollo-Astronauten seien ja oben gewesen und hätten den Mond keineswegs so klein gefunden? Das gilt nicht: Alle Maßstäbe verkürzen sich nach dem Inneren der Hohlkugel zu. Auch die Astronauten sind auf dem Weg nach innen geschrumpft, alle mitgebrachten Gegenstände, auch alle Meßbänder. Deswegen mußte bei der Landung von Apollo 11 Edwin Aldrin den bereits von der Leiter gestiegenen Neil Armstrong auch nicht mit der Lupe im Mondstaub suchen, denn beide merkten so wenig davon, wie wir merken würden, wenn sich eines Morgens hier alle Längen, auch unsere Meterstäbe und unsere Körpergrößen, halbiert hätten. Die Weltraumfahrt ist kein Beweis gegen die Hohlwelttheorie.

In der Hohlwelt des Roman Sexl gibt es kein Experiment, das eines der beiden Weltmodelle auszeichnet.

Sollen wir also an die Hohlwelttheorie glauben? Natürlich nicht. Zwar lassen sich die Naturgesetze unserer Welt der Vollerde umrechnen in Naturgesetze, die in der Hohlwelt gelten, doch diese sind ungleich komplizierter. Wir ziehen daher die Vollerde der Hohlwelt aus Gründen der Denkökonomie vor. Beweisen können wir nichts.

Eine ähnliche Situation gab es zur Zeit von Galilei. Als er das kopernikanische Weltbild verteidigte, führte er Beobachtungen ins Feld, die mit dem griechischen Weltbild, in dem Sonne, Mond und Planeten um die Erde kreisen, nicht vereinbar waren, zum Beispiel, daß die Venus Phasen zeigt, wie der Mond. Daß das für die Kirche kein Beweis war, lag unter anderem daran, daß Tycho Brahe, der dänische Astronom in Prag, sich ein Weltbild ausgedacht hatte, bei dem sich alle Himmelskörper relativ zueinander so bewegen wie bei Kopernikus, nur daß Tycho behauptete, die Erde stehe still und nicht die Sonne. Auch in dieser Welt zeigte die Venus Phasen. Die Richtigkeit des kopernikanischen Weltbildes war also damit nicht bewiesen. Erst als der Königsberger Astronom Bessel im Jahre 1838 die Parallaxe der Fixsterne, die man von der Erde aus im Laufe des Jahres in etwas ver-

schiedenen Richtungen sieht, messen konnte, hatten die
Astronomen eine Beobachtung, die zwischen den beiden
Modellen des Tycho Brahe und des Kopernikus zu entschei-
den schien.

Doch nicht ganz. Im Prinzip wäre es auch denkbar, daß
sich statt der Erde alle entfernten Objekte im Weltall im
Laufe eines Jahres in Kreisbahnen vom Durchmesser der
Erdbahn um imaginäre Mittelpunkte bewegen und die Parallaxe nur vortäuschen. Dann beobachteten wir auch von
der ruhenden Erde aus die Parallaxen der Fixsterne. Mit diesem Bild ist es wie mit der Frage, ob der Hund mit dem
Schwanz wedelt oder der Schwanz mit dem Hund und dem
ganzen Weltall. Das Bild des wackelnden Hundeschwanzes
ist dem des Schwanzes, der mit dem Weltall wedelt, vorzu-
ziehen, weil es weniger schwachsinnig ist.

Zur Beschäftigung mit dem Thema kam ich durch meinen
Briefwechsel mit Werner Lang, Oberstudienrat am Leibniz-
Gymnasium in Rottweil (und mit dem oben genannten Johannes Lang nicht verwandt). Er hat die Sexlsche Hohlwelt
für das Internet und für seine Schüler aufgearbeitet, um
plausibel zu machen, daß es für unser Weltbild keineswegs
eine absolute Wahrheit gibt. Das Bild von der Vollerde ist
nur weniger schwachsinnig als das der Hohlwelt.

... und drum glaube ich an die Vollerde.

Mein Beitrag erreichte einen langjährigen Freund von Johannes
Lang, Herrn Helmut Diehl aus Winnenden. Von ihm erfuhr ich
einiges über das Schicksal des Verteidigers der Hohlwelttheorie. Er
lebte von 1899 bis 1967, war in einem Leipziger Betrieb kauf-
männischer Direktor und ließ sich nach dem Zweiten Weltkrieg in
seiner Heimatstadt Offenbach/Main nieder. Er schrieb mehrere
Bücher, neben der Hohlwelttheorie war auch die Astrologie eines
seiner Themen.

Angeregt durch den Briefwechsel mit den Herren Helmut Diehl
und Werner Lang kamen mir noch einige weitere Gedanken zum
Thema: Warum durch reziproke Radien eigentlich nur ins Erd-

164 innere spiegeln? Ich kann genausogut das Weltall ins Innere des Jupiter spiegeln. Wir leben dann auf einem Planeten, der im hohlen Jupiter die Sonne umkreist und mit ihr in 11 Stunden das in der Mitte zusammengedrängte restliche Weltall. Eine ins Innere der Saturnkugel gespiegelte Welt wäre besonders interessant, weil dann auch der Saturnring in die Hohlwelt gespiegelt werden müßte. Alle diese Spiegelwelten lassen sich weder beweisen noch widerlegen, aus den gleichen Gründen wie im Fall der hohlen Erde. Ja, ich kann noch weiter gehen, ich kann auch das ganze Weltall, einschließlich Christbaum, in das Innere einer Christbaumkugel spiegeln. Auch dieses Weltmodell entzieht sich der Widerlegbarkeit wie auch der Beweisbarkeit. Schließlich benötige ich gar keine materielle Kugel. Ich kann mir irgendwo im Raum einen Punkt denken und um ihn eine Kugel schlagen, mit einem beliebig vorgegebenen Radius, und das Weltall mit Hilfe der reziproken Radien hineinspiegeln. Es gibt eben unendlich viele Hohlwelten. Ich weiß kein wissenschaftliches Argument, welches der Spiegelung an der Erdkugel gegenüber all den anderen Spiegelungen den Vorzug gibt.

Das Anthropische Prinzip und der einfältige Mönch

Von Zeit zu Zeit weisen Kosmologen darauf hin, daß die Natur gerade so angelegt ist, daß in ihr die Menschheit entstehen konnte. Die Naturkonstanten haben haargenau die richtigen Werte dafür. Lägen einige von ihnen nur knapp neben dem Wert, den sie haben, niemals hätten sich Sterne bilden können, geschweige denn Planeten, die von ihnen auf der richtigen Temperatur gehalten werden, um Leben auszubrüten. Wie weise ist es doch eingerichtet, daß die Konstanten der Natur, etwa die, welche die Kraft zwischen zwei elektrischen Ladungen bestimmt oder die für die gegenseitige Schwereanziehung zweier Körper, gerade so sind, wie sie sind, und nicht anders!

Der Gedanke ist nicht neu. »Wir leben in der besten aller möglichen Welten«, hatte der Philosoph Gottfried Wilhelm Leibniz (1646–1716) ausgerufen. Leibniz hätte allerdings eine Welt ohne einen Isaac Newton für noch besser gehalten, stand er doch mit diesem im Streit um die Priorität der Entdeckung der Differential- und Integralrechnung. Leibniz lebte 200 Jahre vor Charles Darwin, der erkannte, wie die Evolution das Leben von Generation zu Generation besser an die Umgebung anpaßt, in die es hineingeboren worden ist. Heute würde man sagen: »Das Leben hat die Welt vorgefunden und hat das Beste daraus gemacht.«

Der aus dem Elsaß stammende Astronom Johann Heinrich Lambert (1728–1777) war der Meinung, daß die Naturgesetze so sein müssen, daß möglichst viele Menschen da sind, um die Schöpfung zu verherrlichen. Für das Gesetz der Gravitation würde dies bedeuten, daß es so beschaffen sein muß, daß die Erde nicht mit einem anderen Planeten zusammenstoßen kann. Lambert wußte noch nichts vom Meteoriteneinschlag auf der mexikanischen Halbinsel Yukatan vor 65 Millionen Jahren, der damals das globale Klima der Erde veränderte und der wahrscheinlich den Sauriern ein Ende bereitet hat. Hätte es damals schon Menschen gegeben, sie wären mit dem Tyrannosaurus untergegangen. Lambert konnte auch noch nicht wissen, daß die Naturgesetze so eingerichtet sind, daß die Hiroshima-Bombe gebaut werden konnte.

In den siebziger Jahren dieses Jahrhunderts griffen Astrophysiker den alten Gedanken wieder auf. Jetzt klingt er zwar anders, meint aber das gleiche: Die Natur und das Weltall als Ganzes müssen so beschaffen sein, daß Menschen entstehen konnten. Man nannte es *anthropisches Prinzip,* vom griechischen Wort für Mensch, *anthropos.* In ihm wird die Tatsache, daß es Menschen gibt, genauso in die Überlegungen über die Natur des Weltalls einbezogen wie etwa die Beobachtungstatsache, daß Wasserstoff das häufigste Element im Weltall ist. »Wir sehen das Weltall, wie es ist, weil wir existieren.« So formuliert Stephen Hawking in seiner *Kurzen Geschichte der Zeit* das sogenannte schwache anthropische Prinzip. Zuerst war ich über die neuen Gedankengänge verblüfft. Dann begann ich nachzudenken: Ist das mehr als die Aussage »Die Welt ist, wie sie ist?«

In seiner starken Form lautet das Prinzip: »Das Weltall hat zwangsläufig die Eigenschaften, die während irgendeines Zeitraumes die Entwicklung des Lebens ermöglichen.« Das legt das Bild nahe, in einer Art Über-Weltall wären am Anfang von irgend jemandem aus der unendlichen Menge der Zahlenwerte für die Naturkonstanten exakt die ausgewählt worden, die das Werden des Menschen ermöglichten.

Nur geringfügig andere Zahlenwerte, und schon gäbe es uns nicht. Dieses starke Prinzip ist selbst Stephen Hawking zuviel.

Als ich nach Beispielen dafür suchte, was man denn mit dieser neuen Denkungsart anfangen könne, ließ meine ursprüngliche Begeisterung rasch nach. Da waren Schlüsse wie: »Das Weltalter muß im Bereich von Milliarden Jahren liegen, denn solche Zeiträume benötigt das Leben, um sich bis zum Menschen zu entwickeln«. Das ist ein Zirkelschluß: daß das Leben so lange benötigte, wissen wir aus anderen Befunden, zum Beispiel aus der Expansion des Weltalls. Immer stellt sich nachträglich heraus, daß es uns um Haaresbreite nicht gegeben hätte, daß die Natur aber so beschaffen ist, daß das Unwahrscheinliche doch eingetreten ist.

Das ist auch heute noch so. Kürzlich haben Astrophysiker herausgefunden, daß die Messungen des Satelliten COBE, der die heute noch beobachtbare Reststrahlung des heißen Anfangs der Welt untersuchte, zeigen, daß die Materie etwa 300 000 Jahre nach dem Urknall gerade so geklumpt war, daß sich später Leben entwickeln konnte. Wäre die Materie gleichförmiger verteilt gewesen, wären keine Sterne, keine Planeten und schon gar keine Menschen entstanden. Wären die Dichtefluktuationen am Anfang stärker gewesen, dann hätten die Sterne, die sich gebildet hätten, so dicht beieinander gestanden, daß sie sich durch ihre Schwerkraft gegenseitig die um sie kreisenden Planeten entrissen hätten – wieder keine Aussichten, um Menschen entstehen zu lassen. Wie weise war es doch eingerichtet, daß die Fluktuationen gerade die Stärke hatten, die für die Entstehung und Entwicklung des Menschen nötig war!

Nein, das reißt mich nicht vom Stuhl. Hier wird nachträglich aus der beobachteten Hintergrundstrahlung geschlossen, daß im Weltall Leben entstehen konnte. Hat man das denn nicht schon vorher gewußt?

Unwillkürlich muß ich an den Astrologen denken, der

vor einigen Jahren den Lebenslauf der im Ersten Weltkrieg hingerichteten Mata Hari, die für Deutschland spioniert hatte, studierte und nachträglich zeigen konnte, daß es der Sterne wegen mit ihr so hatte kommen müssen. Beeindruckt hätte mich die Aussage eines Astrologen, der vor der Enttarnung der Spionin allein aus dem Horoskop herausgefunden hätte, welches Spiel sie trieb und welche Folgen dies für sie haben würde.

Das Weltall ist nicht wie durch ein Wunder so gebaut, daß in ihm Leben entstehen und sich entwickeln konnte. Nein, das Leben hat sich dem Weltall angepaßt.

Das Denken nach dem anthropischen Prinzip kommt mir vor wie die Logik des Winzers von der Mosel, der da sagte: Ich kann meine Familie von dem Wein, den ich ernte, ernähren. Wie weise ist es doch eingerichtet, daß wir hier an der Mosel leben, wo Wein gedeiht. Lebte ich als Winzer am Kamm des Erzgebirges, wir müßten elendiglich verhungern.

Das anthropische Prinzip ist nicht neu. »Nein«, sagte der einfältige Mönch im Mittelalter, »wie weise hat es der Herr doch eingerichtet, daß er die Sonne bei Tage scheinen läßt und nicht während der Nacht, denn da schlafen wir, und dann hätten wir ja nichts von ihr.«

Der Göttinger Physiker und Philosoph Georg Christoph Lichtenberg (1742–1799) spottete über jemanden, der von der Gedankenwelt des anthropischen Prinzips beeindruckt war: »Er wunderte sich, daß den Katzen gerade an der Stelle zwei Löcher in den Pelz geschnitten wären, wo sie Augen hätten.«

Mein Urknall

Nein, ich habe kein eigenes Bild vom Urknall – der Urknall ist für alle da. So wie ich ihn mir vorstelle, so haben ihn die meisten Astrophysiker im Kopf. Ich bin aber in Diskussionen nach Vorträgen und in Leserbriefen oft auf Vorstellungen über den Urknall gestoßen, die widersprüchlich sind und denen ich dann das meiner Meinung nach richtige Bild gegenüberstellte.

Zuerst das falsche Bild, dem ich sogar bei gelernten Physikern begegnet bin. Da gab es einen Punkt im Weltall, und von dem ging eine Explosion aus. Von unendlicher Dichte am Anfang flog die Materie von diesem Punkt weg in den leeren Raum. Eine gewaltige Explosionswolke dehnte sich kugelförmig aus. Sie wurde von einer kugelförmigen, sich mit der Zeit vergrößernden Explosionsfront begrenzt. Davor war der Raum leer, hinter ihr war die Hölle los.

Wer sich den Anfang der Welt so vorstellt, stößt unter anderem auf die folgenden Widersprüche:

1. Als am Anfang die Materie dicht war, war die Anziehungskraft an ihrer Oberfläche so groß, daß sie sogar das Licht zum Ausgangspunkt der Explosion zurückbog, daß es nicht nach außen dringen konnte. Die Materie der Welt begann also in einem Schwarzen Loch, aus dem bekanntlich keine Materie nach außen dringen kann. Also konnte die Materie gar nicht die niedrige Dichte von heute erreichen. Das Weltall, so wie wir es heute kennen, konnte gar nicht entstehen.

170   2. Wenn ich annehme, das Weltall sei vor 13 Milliarden Jahren entstanden, und wenn ich – wie jüngst berichtet wurde – im Abstand von 12 Milliarden Lichtjahren eine Galaxie oder einen Quasar sehe, dann sehe ich ihn dort, wo er vor 12 Milliarden Jahren war, also bei einem Weltalter von einer Milliarde Jahren. Wie aber kam das Objekt dann vom Punkt des Urknalls in einer Milliarde Jahren in eine Entfernung von 12 Milliarden Lichtjahren, ohne die Lichtgeschwindigkeit überschritten zu haben?

3. Der Astronom Edwin P. Hubble entdeckte schon 1929, daß die Fluchtgeschwindigkeit der Galaxien proportional mit ihrer Entfernung anwächst (vgl. die Abbildung auf S. 174). Also: doppelte Entfernung von uns, doppelte Geschwindigkeit, dreifache Entfernung – dreifache Geschwindigkeit. Dann aber müssen sich von einer bestimmten Entfernung an die Galaxien von uns mit Überlichtgeschwindigkeit wegbewegen. Das steht im Widerspruch zur Relativitätstheorie.

Meine Antwort auf jedes dieser Argumente ist stets: Nein, so war mein Urknall nicht. Es gibt keinen Punkt im Weltall, von dem ich sagen kann: Hier hat alles begonnen, hier laßt uns ein Denkmal setzen.

Ich muß dazu vorausschicken, wie ich den Begriff des Urknalls sehe: Wenn ich alle mir heute bekannten Beobachtungen und alle mir heute bekannten Naturgesetze, auch die der Relativitätstheorie, zu einem widerspruchsfreien Bild zu vereinigen suche, komme ich zum Bild von der Urexplosion vor endlicher Zeit. Das meine ich mit der Behauptung, ich glaube an den Urknall. Sie unterscheidet sich von der Behauptung, den Urknall habe es wirklich gegeben, denn was damit gemeint ist, verstehe ich gar nicht. Wir können nur einen Indizienbeweis führen. Im täglichen Leben denken wir nicht anders. Ob es Mord war oder ein Unfall, klärt auch der Kriminalist dadurch auf, daß er die vorhandenen Spuren, die Naturgesetze und sein Wissen über menschliches Verhalten zu einem widerspruchsfreien Bild vereinigt.

Die Beobachtungen sagen, die Galaxien entfernen sich voneinander, die mit dem Bild des Urknalls vorhergesagte kosmische Hintergrundstrahlung ist da. Das Bild vom Urknall erklärt auch die Häufigkeit der in den ersten Minuten entstandenen chemischen Elemente. Das sind die wichtigsten Beobachtungstatsachen.

Wie ist es aber mit den oben erwähnten Widersprüchen? Sie rühren daher, daß bei ihnen angenommen wird, der Urknall habe an einem Punkt im Raum stattgefunden. Bei meinem Urknall (zumindest in seiner einfachsten Form) war am Anfang ein unbegrenzter Raum mit Materie unendlicher Dichte angefüllt. Mit dem Urknall flog die Materie auseinander. Kein Punkt war ausgezeichnet, nirgendwo war eine Mitte. Von der Nachbarschaft jedes Punktes aus flog die Materie nach allen Richtungen nach außen. In meinem Urknall bestehen die oben aufgeführten Widersprüche nicht:

1. Die Materie war von Anfang an gleichmäßig verteilt. Es gab keine merklichen Verdichtungen. Die Schwerkraft der Materie zog jeden Körper mit gleicher Stärke nach allen Richtungen. Die resultierende Schwerkraft war null. Die Lichtstrahlen wurden nicht verbogen, von einem Schwarzen Loch war weit und breit keine Spur.

2. Der Satz der Speziellen Relativitätstheorie von der Nichtüberschreitbarkeit der Lichtgeschwindigkeit besagt genau das Folgende: Wenn ich von einem Punkt aus einen Lichtblitz aussende, dann wird es mir nie gelingen, dem Blitz vom gleichen Ausgangspunkt aus einen Körper nachzusenden, der ihn ein- oder sogar überholt. Die Betonung liegt bei »vom gleichen Ausgangspunkt«. Die Galaxie, die wir heute in 12 Lichtjahren Entfernung sehen, war niemals bei uns, sie begann ihre Bewegung relativ zu uns von einer anderen Stelle aus. Darüber sagt die Spezielle Relativitätstheorie nichts aus.

3. Wenn sich in hinreichend großer Entfernung von uns Galaxien mit Überlichtgeschwindigkeit wegbewegen, so sind das solche, die niemals, auch nicht beim Urknall, mit uns am gleichen Ausgangspunkt waren. Wie bei Punkt 2 widerspricht das nicht den Regeln der Speziellen Relativitätstheorie.

Trotzdem bleibt uns der Urknall unheimlich, denn je näher wir an ihn in Gedanken herankommen, um so dichter und heißer wird die Materie beziehungsweise das Materie-Strahlungsgemisch, aus dem die Welt damals bestand. Irgendwann versagt unsere Physik, und wir wissen nicht, wie es davor war. In unmittelbarer Nähe des Urknalls, winzige Bruchteile einer Sekunde danach, ist unbekanntes Land. Deshalb hört bei meinem Urknall das Denken dort auf, wo unser Wissen um die physikalischen Vorgänge nicht mehr ausreicht. Deshalb kann ich nur sagen, die Welt von heute erscheint uns so, als ob sie aus dem oben beschriebenen Urknall hervorgegangen wäre. Ganz am Anfang gab es eine Epoche, in der die uns bis heute bekannte Physik noch nicht galt. Ich weiß nicht, wie das Weltall aus dem Nichts entstanden ist, und es schmerzt mich nicht im geringsten, daß ich die Frage »Was war davor?« nicht beantworten kann. Weder den Satz von der Erhaltung von Masse und Energie gab es am Anfang, noch das Kausalitätsprinzip und auch nicht die Begriffe von Raum und Zeit, so wie wir sie in unserer recht hausbackenen Welt von heute kennen. Wichtig ist nur, daß wir das Weltall, so wie wir es heute kennen, richtig beschreiben.

... und so sehe ich den Urknall.

Drei populäre Irrtümer

Im Jahre 1929 erschien in den Mitteilungen der Amerikanischen Akademie der Wissenschaften eine Arbeit des mit dem 2½ Meter-Spiegel auf dem Mt.-Wilson-Observatorium arbeitenden Astronomen Edwin Powell Hubble, die das damalige Weltbild umstürzte. Der Titel: »Eine Beziehung zwischen Entfernung und Radialgeschwindigkeit bei extragalaktischen Nebeln«. Fünf Jahre zuvor hatte Hubble bewiesen, daß die Spiralnebel nicht Gasnebel in unserem Milchstraßensystem, unserer Galaxis, sind, sondern selbst extragalaktische Sternsysteme. Dementsprechend nannte man sie *Galaxien*. Messungen der Spektren dieser Objekte zeigten, daß sich nahezu alle mit unvorstellbarer Geschwindigkeit von uns wegbewegen. In der neuen Arbeit präsentierte Hubble eine Liste von 24 Galaxien, deren Fluchtgeschwindigkeit er gemessen hatte. Einige fliegen mit 500 km/s, eine sogar mit über 1000 km/s. Hubble erkannte eine einfache Gesetzmäßigkeit. Doppelte Entfernung, doppelte Geschwindigkeit. Geschwindigkeit und Entfernung sind zueinander proportional. Das ist das Hubblesche Gesetz. Aus ihm entstand das Bild vom Urknall. Es besagt, daß das Weltall vor endlicher Zeit seinen Anfang genommen hat. Da der

Edwin P. Hubble (1889–1953)

174 Urknall in der populärwissenschaftlichen Literatur oft nur ungenau erklärt wird, entstehen oft Mißverständnisse. Drei davon will ich hier zu beseitigen versuchen.

Irrtum Nr. 1: Wir sind die Mitte der Welt.
Als man wußte, daß alle Galaxien von uns wegfliegen, drängte sich sofort die Vorstellung auf, wir stünden an ei-

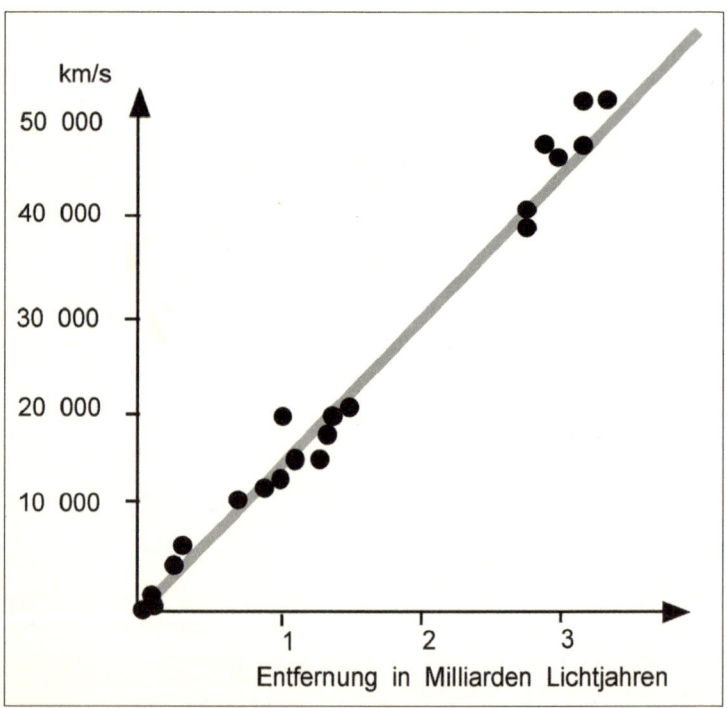

Das Hubblesche Gesetz: Entfernung und Geschwindigkeit der Galaxien (schwarze Punkte) liegen in guter Näherung auf einer Geraden.

ner besonders ausgezeichneten Stelle des Weltraumes, nämlich dort, von wo alle Galaxien wegfliegen. Man kann an einem einfachen Beispiel erklären, daß das nur ein Scheinproblem ist.

Stellen Sie sich vor, Sie wollen einen Rosinenkuchen aus Hefeteig backen. Es herrscht die richtige Temperatur, und der Teig geht auf. Versetzen wir uns in die Lage einer Rosine, die ihre Mitrosinen beobachtet. Während der Teig sein Volumen vergrößert, bewegen sich alle von ihr fort, die entfernteren Rosinen schneller als die näheren: doppelte Entfernung, doppelte Geschwindigkeit. Die Rosine beobachtet ein Hubblesches Gesetz. Daraus darf sie aber nicht schließen, daß sie in der Mitte des Teiges sitzt, denn *jede* Rosine beobachtet, daß alle anderen von ihr wegfliegen. So geht es auch uns: Aus der Tatsache, daß sich alle Galaxien von uns wegbewegen, dürfen wir nicht schließen, daß wir die Rosine in der Mitte der Welt sind.

Irrtum Nr. 2: Der Urknall begann an einem Punkt.
Aus dem Hubbleschen Gesetz können wir nur schließen, daß die Welt mit extrem hoher Dichte begann, nicht aber, daß sie von einem Punkt ihren Ausgang genommen hat. Das Bild eines von einem Punkt ausgehenden Urknalls führt auf Widersprüche, auf die ich schon in der vorigen Geschichte eingegangen bin. Es gibt mehrere mit dem Hubbleschen Gesetz vereinbare widerspruchsfreie Bilder. Das einfachste ist, daß das Weltall vom Anfang an unendlich ausgedehnt und mit nahezu unendlich verdichteter Materie ausgefüllt war. Von da an bewegte sich von jeder Stelle die Materie weg, so wie es die Galaxien auch heute noch tun. Zwar sträubt sich unsere Anschauung gegen das Bild vom Urknall, der von jedem Punkt ausgeht, doch wenn man sich das Bild vom Urknall, der an einem einzigen Punkt beginnt, genauer überlegt, versagt auch da unsere Anschauung, ganz abgesehen davon, daß dieses Bild auf Widersprüche mit unseren physikalischen Gesetzen führt.

Irrtum Nr. 3: Aus dem Hubbleschen Gesetz folgt, daß sich die Galaxien beschleunigt voneinander wegbewegen.

176 Man stelle sich dazu noch einmal das Rosinen-Beispiel vor. Jede Rosine bewegt sich von jeder weg, je größer der Abstand, um so schneller. Daraus folgt aber nicht, daß der Teig sein Volumen beschleunigt vergrößert. Auch wenn das »Aufgehen« des Teiges langsamer wird, etwa weil der Nährstoff der Hefe langsam aufgebraucht wird und deshalb immer weniger Kohlensäure entsteht, auch dann beobachtet jede Rosine ein Hubblesches Gesetz. So ist es auch bei den Galaxien. Wenn sich heute die Galaxie A in der Entfernung von einer Milliarde Lichtjahren mit 20 000 km/s von uns wegbewegt und Galaxie B in zwei Milliarden Lichtjahren Entfernung mit 40 000 km/s, so folgt daraus nicht, daß Galaxie A, wenn sie in der Zukunft in einer Entfernung von zwei Milliarden Lichtjahren stehen wird, sich auch mit 40 000 km/s von uns wegbewegen wird und daher

Der 2,5-Meter-Spiegel auf dem Mt. Wilson, mit dem Hubble erkannte, daß die Spiralnebel Sternsysteme sind wie unser Milchstraßensystem und daß ihre Entfernung und ihre Fluchtgeschwindigkeiten eine einfache Gesetzmäßigkeit befolgen, das später nach Hubble benannte Gesetz.

in der Zwischenzeit schneller geworden ist. Das Hubblesche Gesetz beschreibt, was wir heute sehen, es macht aber keine Aussage, wie sich die Galaxien in Zukunft bewegen werden. Die Beobachtung sagt uns nicht, ob auch in Jahrmilliarden die Galaxien nach dem Hubbleschen Gesetz auseinanderfliegen oder ob sie sich im Hubble-Diagramm längs einer flacheren oder steileren Geraden anordnen werden.

Heutzutage wird oft nach einer »Verzögerung« oder »Beschleunigung« der Expansion gesucht. Erstere kann durch die Gravitation, letztere möglicherweise durch eine in den Einsteinschen Gleichungen auf große Entfernungen der Gravitation entgegenwirkende Abstoßungskraft hervorgerufen werden. Wenn es sie gibt, dann zeigen nur die entferntesten Galaxien geringfügige *Abweichungen* vom Hubbleschen Gesetz.

Im Bild vom Urknall begann die Welt vor vielleicht 15 Milliarden Jahren. Was war davor? Erst als die Materie da war (oder die Strahlung, was dasselbe ist), konnte man von einem Ablauf der Zeit sprechen. Ohne Materie keine Uhr, ohne Uhr keine Zeit. Diese Logik will nicht in unsere Köpfe, denn unser Denken, vor allem unsere Anschauung, ist aus der Erfahrung im täglichen Leben entstanden. Da sind wir stets von Uhren umgeben. Es müssen nicht Quarz- oder Kuckucksuhren sein. Jedes Atom und jeder Lichtstrahl stellen mit ihren Schwingungen eine Uhr dar. Ein Davor in die Zeit, in der es noch keine Uhren, also keine zeitlichen Abläufe gab, ergibt keinen Sinn. Die Frage »Was war davor?« ist nicht sinnvoll.

Können Sie sich damit nicht anfreunden? Es gibt viele Fragen, die Sie niemals stellen, weil sie keinen Sinn haben: Denken Sie an Ihren Geburtstag. Etwa 9 Monate davor bildete sich die Zelle, aus der Sie entstanden sind. Haben Sie jemals gefragt:

»... und was habe ich eigentlich vorher getan?«

Warum die Nacht
gleich zweimal schwarz ist

Blicken wir in den Wald, so können wir nur bis zu einer bestimmten Entfernung einzelne Baumstämme erkennen. Von da ab verdecken sie sich gegenseitig, den Wald dahinter sehen wir vor lauter Bäumen nicht. Eigentlich müßte es mit den Sternen ähnlich sein. Wäre das Weltall bis in die Unendlichkeit mit Sternen erfüllt, wir sähen beim Blick zum Himmel immer wieder auf die Oberflächen leuchtender Sterne. Der ganze Himmel wäre aus vielen Milliarden kleiner, sich

Von einer bestimmten Entfernung an verdecken die Baumstämme eines Waldes einander, so daß der Blick nicht weiter reicht. In einem unendlich mit Sternen ausgefüllten Weltall müßten sich beim Blick zum Himmel die einzelnen Sternscheibchen gegenseitig überdecken.

180 teilweise überdeckender Sternscheibchen zusammengesetzt, er wäre gleißend hell wie die Sonnenoberfläche.

Warum aber wird es abends dunkel? Das Rätsel vom

dunklen Nachthimmel wird nach dem Bremer Arzt und Astronomen Wilhelm Olbers auch Olberssches Paradoxon genannt.

Wußten Sie, von wem die erste Lösung stammt? Am 3. Februar 1848 fand in der Society Library in New York eine zweistündige Vortragsveranstaltung statt. Der Titel: »Über die Kosmogonie des Weltalls«. Der Redner war kein Astronom, es war der 39jährige amerikanische Dichter und Schriftsteller Edgar Allen Poe. Er kam

Edgar Allan Poe (1809–1849)/© AKG, Berlin.

auch auf das Olberssche Paradoxon zu sprechen: »Wäre die Folge der Sterne ohne Ende, dann würde der Himmel uns gleichförmig erhellt erscheinen ... denn es gibt dann am Himmel keinen Punkt, an dem nicht ein Stern steht«, und er fährt kurz danach fort: »Als einziger Ausweg wäre anzunehmen, daß der Abstand zu diesem nicht sichtbaren Hintergrund so groß ist, daß uns von dort noch kein Lichtstrahl

erreicht hat.« Die entscheidende Wendung liegt im Wörtchen »noch«. Poe nimmt an, die Welt habe einen Anfang vor endlicher Zeit gehabt. Das wurde allerdings erst 1929 durch die Entdeckung der Expansion des Weltalls bestätigt. Doch darin liegt die Lösung.

Das Licht der Sterne erreicht uns erst nach langer Zeit. Je entfernter sie sind, um so länger ist es auf seinem Weg zu uns unterwegs. Deshalb sehen

Wilhelm Olbers (1758–1840)

wir entfernte Objekte nicht so, wie sie jetzt sind, sondern wie sie waren, als das Licht von ihnen ausging. Veranschaulichen wir uns das, und versetzen wir uns in eine Zauberwelt, in der das Licht sich noch langsamer bewegt als eine Schnecke. Stellen wir uns dort auf den Gipfel eines Berges und blicken wir in die Landschaft. In einem Abstand von 55 Lichtjahren, die natürlich dann entsprechend kurz wären, sehen wir Menschen und Gebäude so, wie sie der Zweite Weltkrieg hinterlassen hat. Darum herum schließt sich ein Kreisring, in dem wir die Bomben einschlagen sehen, und wer mit dem Fernrohr bis zum Horizont blickt, könnte vielleicht Napoleons Armee geschlagen aus Rußland zurückkommen sehen. – Das wäre ein ganz ungewöhnlicher Blick in die Landschaft, doch so sehen wir in den Weltraum hinaus und erblicken ganz weit draußen die Materie so, wie sie früher war. Wer weit genug hinausschaut, der sieht den Anfang der Welt. Nehmen wir an, im ganzen unendlichen Weltall würden nach einer Zeit der Finsternis schlagartig überall Sterne aufleuchten. Ein Jahr nach diesem Ereignis sähen wir lediglich diejenigen Sterne, die näher als ein Lichtjahr von uns entfernt sind, das Licht der entfernteren hätte uns noch nicht erreicht. Von Jahr zu Jahr würden mehr der aufgeleuchteten Sterne für uns sichtbar. Das Weltall ist aber noch nicht so alt, daß in Entfernungen, in denen wir einander überdeckende Sternscheibchen erwarten, schon Sterne leuchteten.

Wenn nun vor 15 Milliarden Jahren die Welt begann, dann können wir in mehr als 15 Milliarden Lichtjahren Entfernung keine Sterne mehr sehen, denn Licht von dort wäre ausgesandt worden, als es dort noch gar keine Sterne gab. Das Licht der Sterne, die in einer Entfernung von, sagen wir, 16 Milliarden Lichtjahren stehen, hat uns heute noch nicht erreicht.

Das war die Lösung des Olbersschen Paradoxons. In der uns heute sichtbaren Welt überdecken sich die Sternscheib-

182 chen nicht. Deshalb blicken wir zwischen den Sternen in eine Vergangenheit, in der es noch keine Sterne gab. Ist deshalb die Nacht schwarz?

Die Geburt des Weltalls ging aber nicht mit Dunkelheit einher. Das weiß man, seit im Jahre 1967 eine Mikrowellenstrahlung entdeckt wurde, die aus allen Richtungen des Raumes gleichförmig zu uns kommt. Sie ähnelt der Strahlung unserer Mikrowellenherde, nur ist sie extrem verdünnt. Da wurde deutlich, daß der Urknall mit hoher Temperatur begonnen haben muß. Wenn wir in den Raum hinausschauen, dann geht unser Blick an den Sternen vorbei und trifft auf die heiße Urmaterie. Es ist hauptsächlich Wasserstoffgas. Dieses aber wird bei Temperaturen von mehr als 3000° undurchsichtig. Deshalb ist uns der Blick in frühere Zeiten, als die Temperatur höher war, verwehrt. Eine undurchsichtige Wand aus Wasserstoff von 3000° hält unseren Blick auf. Wir schauen an Sternen vorbei auf das heiße, leuchtende Gas. Warum ist dann aber der Nachthimmel nicht doch strahlend hell?

Das Weltall dehnt sich aus. Die Lichtwellen sind nach Einsteins Allgemeiner Relativitätstheorie kleine Unebenheiten des Raumes. Mit der Expansion des Weltalls werden sie auf ihrem langen Weg zu uns gedehnt. Die kosmische Mikrowellenstrahlung wurde ursprünglich von Materie der Temperatur von 3000° ausgesandt, inzwischen ist sie langwellig geworden, sie erreicht uns als eiskalte kosmische Hintergrundstrahlung von etwa −270°. Dafür ist unser Auge blind. Das ist der zweite Grund, warum die Nacht schwarz ist. Er hat nichts mit den bei Olbers sich gegenseitig verdeckenden Sternscheibchen zu tun.

... und das wird oft durcheinandergeworfen.

Personenregister

Abell, G.   120
Adamczewski, J.   12
Aitken, M. J.   102
Aldrin, E.   162
Alt, F.   87, 89
Amundsen, R.   35
Armstrong, N.   162
Asam, C. D.   65 ff.
Asam, E. Q.   65 ff.
Atwater, B.   99

Baade, W.   38
Barber, L.   87
Behr, A.   114
Benecke, O.   54
Benedikt (hl.)   65 ff.
Benford, F.   141 f.
Bessel, F. W.   162
Beutelspacher, A.   138
Biermann, L.   54, 57–61, 114
Billing, H.   53 f.
Boeth, E.   23, 27
Brahe, T.   38, 162 f.
Broca, P.   106
Bruno, G.   156 f.

Carter, R.   107
Centurio   80
Cierpka, P.   120
Cigoli, L.   19 f.
Clavius   19, 22
Copperfield, D.   41
Crooks, W.   42 f., 45
Crüger, P.   24
Cudnik, B.   155

Darwin, Ch.   165
Deinzer, W.   117, 119 ff.
Diehl, H.   163
Dominik, H.   48
Douglass, A. E.   100 ff.
Doyle, A. C.   41 f.
Dunham, D. E.   155

Einstein, A.   109, 123, 177, 182
Erikson, Leif   139
Espenak, F.   70, 72

Fabricius   35
Faraday, M.   136
Flottau, R.   83

184 Fölsing, A. 20
Frahm, J. 107

Galilei, G. 18f., 22f., 35, 139, 162
Gall, F. J. 106
Galle, J. G. 55
Gauß, C. F. 105–115
Geller, U. 41
Gervase von Canterbury 156
Gregor XIII. 77
Guiard, V. 80
Gutenberg, J. 94f., 98

Haffner, H. 114
Hahn, O. 54
Halley, E. 25
Hartmann, J. 114
Hartung, J. B. 156
Hartwig, E. 36–39
Harvey, Th. 109
Hawking, St. 166f.
Heckmann, O. 114
Heisenberg, W. 54, 57, 118f., 136
Herschel, C. 30
Herschel, J. F. 31, 33
Herschel, J. W. 29–33
Herschel, W. 30f., 33, 153f.
Hertzsprung, E. 114
Heuss, Th. 54
Hevelius s. Hevelke
Hevelke, J. 23–27

Hildebrandt, A. v. 117
Holden, E. S. 154
Hooke, R. 25
Houdini s. Weiß, E.
Hubble, E. P. 38, 170, 173, 176

Iazzetta, M. 7

Jörgens, K. 55
Joule, J. P. 151f.

Kant, I. 38, 49
Keil, K. A. 67
Kepler, J. 23f.
Kienle, H. 114f.
Klinkerfues, E. F. W. 114f.
Koestler, A. 13, 18
Koopman, E. 24
Kopernikus, N. 11–15, 23, 162f.
Krämer, W. 142

Lambert, J. H. 165f.
Lang, J. 159, 163
Lang, W. 163
Lanner, J. 85
Laßwitz, K. 47–51
Leibniz, G. W. 165
Lemaître, G. E. 123, 125
Lichtenberg, G. Chr. 168
Lobatschewski, N. I. 113
Lowell, P. 100
Ludwig XIV. 25

Malberg, H.   76
Mao Tse-tung   132
Marius, S.   35
Massewitch, A.   131
Mata Hari   168
Meeus, J.   70 f.
Messier, Ch.   145 f.
Meyer, Fr.   58 f.
Milosevic, S.   83
Minnaert, M.   149
Mucke, H.   67, 70 f.

Newcomb, S.   140–142
Newton, I.   42, 135 f., 165
Nostradamus   79–83

Olbers, W.   180–183
Oppolzer, Th. v.   66 f.,
    69–71

Pavarotti, L.   87
Piazzi, G.   111
Poe, E. A.   180

Reed, C.   159

Sattler, I.   117, 121
Scheiner, Chr.   35
Schiaparelli, G. V.   100
Schierstedt, Chr. v.   87
Schlüter, A.   55
Schmidt, H.-U.   58 f.
Schöller, Chr.   85
Schrödinger, E.   136
Schröter, H.   153 f.

Schwab, R.   94 f.
Schwarzschild, K.   114 f.
Schwarzschild, M.   114 f.
Scott, R. F.   35
Sexl, R.   161–163
Siedentopf, H.   114
Silber, K.   71
Simpson, O. J.   81
Slade, H.   44 f.
Sobieski, J.   26
Stimmer, T.   15
Strickling, W.   70, 72
Struve, O.   113
Stumpff, P.   55
Supp, M.   15
Swan, W.   151

Teissier, E.   88 f.
Temesvary, St.   55

Ulla, A. v.   153

van't Hoff, J.   87
Verne, J.   50, 151 f.
Voigt, H.-H.   115
Vries, H.-L. de   7

Wapler, H.   47 f.
Weber, W.   113
Weigert, A.   129, 132 f.
Weiß, E.   41 f.
Wells, H. G.   48 f.
Wernicke, C.   106
Wildt, R.   114
Wilhelm der Eroberer   139

186 Wirtz, K.   58

Withers, P.   157

Wittmann, A.   105, 107

Wolf, M.   37

Zöllner, K. F.   42–45

Zwicky, F.   38

Robert L. Wolke

Woher weiß die Seife, was der Schmutz ist?

Kluge Antworten auf alltägliche Fragen. Aus dem Amerikanischen von Markus P. Schupfner. 343 Seiten. Serie Piper

Warum ist der Himmel blau? Warum wird es wärmer, wenn es schneit? Und wie vor allem bekommt man Ketchup am besten aus der Flasche? Diesen und vielen anderen kniffligen Fragen aus dem Alltag geht Robert L. Wolke auf den Grund und gibt kluge und oft verblüffende Antworten. Und er bietet Lösungen für alltägliche Probleme. Mit witzigen Versuchen, die man gleich selber nachmachen kann.

»Hier kommt weder Wissenschaft noch das Vergnügen zu kurz.«
Wiener Zeitung

Ambros P. Speiser

Regenbogen, Licht und Schall

Naturphänomenen auf der Spur. 231 Seiten mit 42 Abbildungen. Serie Piper

Warum stehen wir nie dort, wo der schillernd bunte Regenbogen die Erde berührt? Was bedeutet die Zeit für uns? Wie kommt es, daß wir im Fernsehen bewegte Bilder sehen, die offensichtlich aus der Steckdose kommen? Tagtäglich sind wir von erstaunlichen physikalischen Phänomenen umgeben, deren Hintergründe wir nur selten kennen. Doch das muß nicht sein: Leicht verständlich, auch für all diejenigen, die im Physikunterricht nicht aufgepaßt haben, erklärt Ambros P. Speiser wichtige Naturerscheinungen und technische Errungenschaften. Mit Hilfe zahlreicher Abbildungen gelingt es ihm, verblüffende und interessante Alltagsphänomene anschaulich zu machen.

05/1056/01/L

05/1350/01/R

Neil de Grasse Tyson

Merlins Reise zur Erde

Neue Fragen und Antworten zum Universum. Aus dem Amerikanischen von Anni Pott. 313 Seiten. Serie Piper

Die Anzahl möglicher Fragen zum Universum und zu allem, was dazugehört, ist unendlich groß. Obwohl er schon eine Unmenge an Fragen beantwortet hat, entschließt sich Merlin, der Außerirdische, erneut seinen Planeten Omniscia zu verlassen und zur Erde zu reisen. Geduldig gibt der Allwissende Antwort auf alle Fragen, die Menschen ihm stellen: Wie groß ist die Chance, daß ein Mensch mehr als nur einmal im Leben mit demselben Luftmolekül in Berührung kommt? Oder: Welche Folgen hätte es für uns Erdbewohner, wenn Aliens den Mond in die Luft sprengen würden? Mit Hilfe von Merlins klugen, anschaulichen und witzigen Antworten erfährt jeder Leser, was er schon immer wissen und verstehen wollte.

Margaret Wertheim

Die Hosen des Pythagoras

Physik, Gott und die Frauen. Aus dem Englischen von Karin Schuler, Karin Miedler und Silke Egelhof. 386 Seiten mit 17 Abbildungen. Serie Piper

Physik ist die katholische Kirche der Wissenschaft: Daß Frauen dabei nichts zu lachen haben, ergibt sich von selbst. So wenig den Frauen erlaubt war, das Buch Gottes auszulegen, so wenig durften sie das Buch der Natur entziffern. Entsprechend selten wagten sie sich auf das Gebiet der Physik, und nur wenige konnten sich durchsetzen wie Hypatia, Marie Curie, Lise Meitner oder Chien-Shung Wu. Eine intelligente und unkonventionelle Geschichte der Physik von ihren Anfängen bis heute.

»Ein engagiertes, manchmal polemisch überspitztes Buch, das niemanden kalt läßt, weder Mann noch Frau.«
Süddeutsche Zeitung

05/1231/01/L   05/1194/01/R

Einstein sagt

Zitate, Einfälle, Gedanken. Herausgegeben von Alice Calaprice. Vorwort von Freeman Dyson. Betreuung der deutschen Ausgabe und Übersetzungen von Anita Ehlers. 280 Seiten mit 26 Abbildungen. Serie Piper

Mit Einstein ist es wie mit Goethe: Mit einem Zitat von ihm liegt man immer richtig! Er formulierte glänzend und einfallsreich, seine Worte und Sprüche waren nicht nur witzig, sondern hatten auch bedenkenswerten Tiefgang. Die hier versammelten fünfhundert Einstein-Zitate ordnen zum ersten Mal seine Gedanken und Ideen nach Themen: Der Leser findet also Einsteins Äußerungen über sich selbst, Deutschland, Amerika, die Juden und Israel, den Tod, die Ehre und die Familie, Krieg und Frieden, Gott und Religion, Freunde, Wissenschaftler und die Frauen. Er selbst würde vermutlich über die Sammlung seiner geflügelten Worte schallend lachen und seinen Stoßseufzer von 1930 wiederholen: »Bei mir wird jeder Piepser zum Trompetensolo!«

James Burke
Gutenbergs Irrtum und Einsteins Traum

Eine Zeitreise durch das Netzwerk menschlichen Wissens. Aus dem Englischen von Harald Stadler. 394 Seiten mit 34 Abbildungen. Serie Piper

Was hat der einfache Kronenkorken, der eine Bierflasche verschließt, mit dem expandierenden Universum zu tun? Was verbindet die Dauerwelle, die der deutsche Friseur Nessler in London erfand, mit einem Luxusdampfer? James Burke zeigt, daß alles mit allem zusammenhängt und wir in einem dynamischen Netz des Wandels leben. Weil der deutsche Goldschmied Johannes Gutenberg sich im Datum irrte, entstand im 15. Jahrhundert der Buchdruck. So führt eine Reise vom Kohlepapier über Edisons Telefon und die Entstehung von Vorstädten bis zur Röntgenkristallographie und zur Entschlüsselung der DNA-Struktur. Die vielen überraschenden Fakten verbinden sich auf verschlungenen Pfaden zu einer höchst vergnüglichen Kulturgeschichte des Wissens.

SERIE PIPER

05/1241/01/L   05/1189/01/R